中频声振耦合系统优化技术

于 洋 著

机械工业出版社

本书详细梳理了声振耦合系统在各个频段内主流分析方法的技术特点，每种方法在中频区段声振响应预测的局限性，以及声振耦合系统优化研究的发展动态；针对中频声振耦合系统，基于统计模态能量分布分析及逐频点模态能量分析理论，开展了一系列关于优化模型构建、灵敏度分析和优化求解策略的研究。建立了结构尺寸优化、局部声场空间优化、结构阻尼材料和声场吸声材料布局优化的数值模型，引入新型灵敏度分析方法和拓扑优化求解技术，确保优化模型的准确性和设计流程的稳定性，最终实现优化问题的稳定、高效求解。

本书适合噪声与振动控制领域、多学科优化领域的科研人员、工程师以及研究生阅读。

图书在版编目（CIP）数据

中频声振耦合系统优化技术/于洋著．—北京：机械工业出版社，2024.7

ISBN 978-7-111-75937-9

Ⅰ.①中… Ⅱ.①于… Ⅲ.①噪声控制—耦合系统—系统优化 Ⅳ.①TB535

中国国家版本馆 CIP 数据核字（2024）第 108338 号

机械工业出版社（北京市百万庄大街 22 号 邮政编码 100037）
策划编辑：吕德齐   责任编辑：吕德齐
责任校对：樊钟英 薄萌钰   封面设计：马若濛
责任印制：郜 敏
北京富资园科技发展有限公司印刷
2024 年 7 月第 1 版第 1 次印刷
169mm×239mm·9.75 印张·2 插页·173 千字
标准书号：ISBN 978-7-111-75937-9
定价：79.00 元

电话服务   网络服务
客服电话：010-88361066   机 工 官 网：www.cmpbook.com
        010-88379833   机 工 官 博：weibo.com/cmp1952
        010-68326294   金 书 网：www.golden-book.com
封底无防伪标均为盗版   机工教育服务网：www.cmpedu.com

前　言
Preface

　　工程装备在运行的过程中会产生不同程度的振动噪声，剧烈的振动不仅会造成工程结构的失效，更重要的是其产生的噪声会影响人们的日常生活，因此减振降噪在实际工程领域具有重要意义。由于外部激励以及结构系统自身的复杂性，噪声在不同频率范围内具有不同的表现形式。噪声频谱在低频范围内分布比较明晰，在高频范围内则呈现出均匀化的趋势，而在中频区间恰恰表现出了二者混合的特点。另一方面，对于低频和高频噪声的分析工作，已有较为成熟的有限元法、边界元法和统计能量分析方法作为数值分析的基础，然而针对中频范围的噪声分析及优化还需要深入研究。

　　统计模态能量分布分析（SmEdA）是最近提出的基于子系统间模态能量传递平衡的分析方法，采用确定性与统计性相结合的分析技术，可以方便地预测传统方法难以企及的中频范围，即中频耦合系统的声振响应。另一方面，振动噪声与工程系统的结构和材料的尺寸、形状以及拓扑分布有着密切的关系，综合考虑这些影响因素对设计出具有低噪声性能的声振系统就显得尤为重要。本书重点针对中频声振耦合系统开展了一系列优化降噪工作。基于最近提出的统计模态能量分布分析，建立了尺寸优化、局部声场空间优化、结构阻尼材料和声场吸声材料布局优化的数值模型，并且引入新的灵敏度分析方法和拓扑优化求解技术，数值计算实例显示该方法在降低中频声振耦合系统的内声腔响应方面效果显著。本书包括7章，各章内容大致安排如下。

　　第1章详细梳理了声振耦合系统在低频和高频范围内的主流分析方法。具体阐述相关方法的基本原理、适用条件以及每种方法在中频区段声振响应预测的局限性，进一步介绍能够适用于中频区间的新型分析手段——统计模态能量分布分析的基本理论，详述该方法在处理中频声振问题的效率及精度优势。第1章还介绍了声振耦合系统优化研究的发展概述。

　　第2章主要介绍统计模态能量分布分析（SmEdA）的基本理论，给出基于SmEdA的中频声振耦合系统的尺寸优化设计流程。首先从单自由度耦合振子的振动理论入手，给出模态能量之间的平衡关系，建立耦合子系统的模态能量平衡方程。接着定义中频声振耦合系统的尺寸优化模型，采用传统的半解析灵敏度分析方法，结合移动渐进线求解方法，初步完成中频声振耦合系统的尺寸优化设计，通过了数值计算实例的验证。

第3章引入复数变量法，提出了改进的半解析灵敏度分析方法，分析了中频声振耦合系统声腔子系统总能量关于尺寸设计变量的灵敏度，将对应的计算结果与传统的半解析法以及全局差分法进行对比，充分说明复数变量法具有更高的精度及稳定性。

第4章研究了局部声场空间降噪的优化模型和求解方法。首先采用后处理的手段将声腔中感兴趣的局部声场区域的能量提取出来，以固定区域的总能量作为噪声降低的对象，并且采用复数变量法推导局部响应关于结构尺寸变量的灵敏度公式。通过数值例题充分论证了局部声场能量优化的可行性。

第5章进行中频声振耦合系统中黏弹性阻尼材料的布局优化研究。应用拓扑优化的方法对振动结构表面的黏弹性阻尼层进行布局优化，并且在材料的体积比与设计变量之间引入体积守恒的 Heaviside 函数，可以有效地帮助设计变量收敛至 0 – 1 边界。最后将提出的黏弹性阻尼材料优化方法应用到汽车内声腔的降噪优化中。

第6章开展声振耦合系统多孔吸声材料的布局优化研究。采用简单高效的 Delany-Bazley 模型来模拟多孔吸声域的等效材料特性参数随频率的变化关系，通过模态应变动能方法推导出表征模态能量间阻尼特性的模态阻尼损耗因子，使得整体优化模型为实数体系，为采用复数变量法推导灵敏度提供方便。灵敏度的数值验证部分表明复数变量方法可以得出精确的灵敏度信息，并且可以达到比传统方法更加稳定的结果。最后将多孔吸声材料中频优化程序应用于火车部分车体的降噪研究。

第7章将统计模态能量分布分析理论拓展至逐频点模态能量分析，并进行复杂气动载荷激励下的尺寸优化设计。SmEdA 的模态能量平衡方程是基于研究频带建立的，而现实工程中对于每个频点下的声振响应预测也存在客观需求。首先给出形成逐频点模态能量平衡理论的公式推导过程，利用该方法可以集成随频率相关激励载荷的优势，依托 Corcos 经验理论框架下的湍流边界层（TBL）数值模型，实现模态注入能量的计算；利用边界层空间离散点的相关性并结合 Efimtsov 经验公式近似求出湍流边界层载荷的功率谱密度，最终形成湍流边界层载荷激励下的中高频声振耦合系统尺寸优化程序。将该优化方法应用到高速列车司机室，降低中频声振响应，取得了良好效果。

作者

目　录
Contents

第 **1** 章

绪　　论

1.1　声振耦合系统的基本概念及减振降噪的工程意义

在汽车、轮船、航空航天领域（图1.1）都存在声振耦合系统，即由结构振动带动内部声腔的声压变化，反过来声压的不均匀分布又影响结构振动的系统。衡量工程产品的质量，不仅需考虑其强度、刚度、稳定性和结构材料的抗疲劳性能，还需要关注产品振动噪声的等级。例如很多车企将汽车的振动声学特性作为产品的重要研究指标，分析车内声腔的声压级强度以及车体振动的强弱程度，为提升车厢整体的舒适性不断努力。另外像飞机机舱、高铁车厢等也是设计师减振降噪的重点研究对象。噪声对人们的日常生活有着巨大的影响，首先会令人产生耳鸣等不良症状，长期处于强烈噪声环境的人大多数患有噪声性耳聋症；其次持续的噪声还会危害人体中枢神经，使人产生头疼、头晕、耳聋、心慌、失眠等症状；还会使人注意力不集中、疲乏无力、反应迟钝。随着人们生活质量标准的不断提升，降低声振耦合系统的内部噪声已成为工程设计中一个关键的环节。

本书主要阐述从声振耦合系统的设计角度来降低结构振动噪声。传统的设计手段通常包括调整结构局部刚度和质量，调整耦合腔体的几何形状及在结构表面铺设阻尼材料等。然而这些手段需要工程师具有多年的工程经验。近年来采用自动优化设计技术降低声振耦合系统的噪声一直为广大学者所关注。优化设计是通过体系完备的数学模型的建立、求解进而得到给定约束条件下最优的设计方案。此外，根据所研究的声振耦合系统的频率范围划分，声振耦合系统优化的研究工作大致可分为低频、中频以及高频三个频段。低频以及高频的声振耦合系统优化研究工作已经相对成熟。低频范围内通常应用基于单元离散的分析方法，如有限元法、边界元法。在高频范围内，这类基于单元离散的方法所需要的单元数量巨大，并且声振特性对结构局部的变化十分敏感，因此通常采用基于能量平衡的方法，如统计能量分析法。然而此类方法需要严格的假设并且对激励形式有所限制，如所关心的频带内必须具有足够数量的模态，系统激励必须为非相关激励，因此统计能量分析法的应用范围也受到一定限制。关于中频声振耦合系统的分析方法则相对欠缺，同时其对应的中频优化工作也有待于进一步开展。

汽车   轮船
航空   航天

图 1.1 　实际工程中的声振耦合系统

1.2 　声振耦合系统的研究方法

随着计算机技术的飞速发展，越来越多的数值计算方法被应用到了实际工程领域。针对声振耦合系统的研究手段通常分为三个大类：第一类是基于单元离散的确定性方法，如有限元法、边界元法；第二类是基于能量平衡的统计性方法，如统计能量分析法；第三类为确定性与统计性的结合方法，如能量有限元法、能量边界元法、有限元-统计能量分析混合法，以及统计模态能量分布分析。不同频率范围内，声振耦合系统的响应具有不同的表现形式，同时也需要采用适合对应频段的方法对其进行研究。基于单元离散的方法通常适用于低频声振耦合分析，而基于能量的分析方法通常应用于高频问题，二者的混合方法在一定程度上会提升原方法的应用范围，将研究频段拓展至中频区间，图 1.2 显示了声振耦合系统的研究频率范围和主流研究方法。以下将详细介绍这些分析方法的发展、应用以及局限性，并且着重论述本书所采用的统计模态能量分布分析方法的特点及其在处理中频声振耦合系统所表现出来的优势。

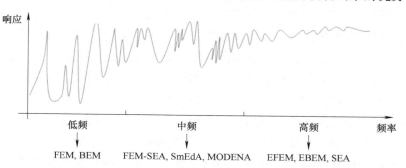

图 1.2　声振耦合系统的研究频率范围及主流研究方法

FEM—有限元法　　BEM—边界元法　　FEM – SEA—有限元 – 统计能量分析混合法

SmEdA—统计模态能量分布分析法　　EFEM—能量有限元法

EBEM—能量边界元法　　SEA—统计能量分析法

MODENA—逐频点模态能量分析法

1.2.1　低频声振耦合系统的研究方法

1. 有限元法（FEM）

有限元法（finite element method，FEM）的基本思想是结构的离散化，将连续结构离散成有限个单元，建立由单元节点变量构成的平衡方程，从而进行求解。早期的研究工作主要集中于推导简谐激励作用下声振耦合系统的能量变分方程，其具体形式可以应用到空气/膜耦合振动与空气/板耦合振动，该变分方程被拓展为可以考虑结构及声场阻尼的通用形式。随后，声结构耦合系统的有限元表达式被建立出来，其中板单元的位移与声场单元的声压分别作为耦合场的变量。在此基础上可以进一步使用三维声场单元来计算复杂构型封闭声腔的固有频率及模态，进而拓展到具有不规则边界的车体模型的声传递分析中。

声振耦合问题的研究主要有两种方式，一种是单向耦合，另一种为全耦合。单向耦合的方法需要先计算结构在真空中的振动响应，将计算结果作为声学分析的边界条件。也就是说只考虑结构振动对声场变化的影响，忽略声场变化反过来对结构振动的激励。全耦合模型则同时考虑了结构与声场的相互影响[1]。由于只需要依次计算两个较小规模的有限元模型，单向耦合在早期的声振分析中应用较为广泛，一部分应用于内声场，另一部分则应用于外声场。但是单向耦合模型只对较重的结构与较轻的流体（如空气）相耦合的情形比较适合，如发动机与内部空气的耦合。如果较轻的结构与空气耦合（如扬声器、麦克风内部膜结构），或者是较重的结构与较重的流体（如水）耦合，则单向耦合模型的计算精度较差，这时就需要考虑全耦合模型。

有限元处理声振耦合系统通常存在两个问题：一个问题是随着频率升高，对耦合系统的模拟所需单元量大幅度增加，进而产生较大的计算成本；另一个问题主要表现在声振耦合系统的有限元矩阵往往不是对称矩阵。第一个问题可以采用模态求解的手段进行缓解，假定响应可以用一系列模态叠加来表示，将系统的物理坐标转化为模态坐标可以将矩阵的维度进行较大程度的缩减，这一方法在多频率分析的情况下应用较为广泛。此外，还可以通过模态综合方法来降低有限元分析的计算量，将一个大的系统分解为若干个子系统，提取每个子系统的模态来描述其动力学响应，并且在各个子系统的连接界面处施加对应的约束条件，最终求得整体系统的模态响应[2]。这种方法相对整个耦合系统的模态分析可以节省较大的计算资源。对于第二个问题，学者们选择将声压变量替换成其他变量来描述声场的响应，如流体速度势、声压与速度势的组合、流体位移，以及流体位移与声压的组合等。通过改变描述流体变量的形式可以得到对称、正定的耦合矩阵，方便进一步求解。

有限元法在单元划分时要求满足一个波长 6～10 个线性网格[3]。然而随着分析频率的升高，声场波长随之降低，需要较多的单元来捕捉声场的扰动，计算量显著增加。另外，由于需要同时计算两个场（结构场与声场）的单元节点响应，进入中高频阶段，有限元模型的自由度大量增加。综合考量，有限元法通常应用于低频分析。另外，有限元法一般被用于声振耦合系统的内声场计算，对于外声场，由于边界的不确定性，有限元法并不是最佳的选择，这种情况下可以采用边界元法。

2. 边界元法（BEM）

边界元法（boundary element method，BEM）首创于 20 世纪 60 年代，与有限元法在连续体域内划分单元的基本思想不同，边界元法是只在定义域的边界上划分单元，用满足控制方程的函数去逼近边界条件。这种方法是基于边界积分方程发展而来的，一些学者应用边界积分方程并采用解析法求解了一系列结构声辐射问题。边界元法直接建立在问题的基本微分方程和边界条件基础上，不需要事先寻找任何的泛函数，因此边界元法可以求解经典区域方法所难以解决的无限域问题[4]。根据所采用的边界积分方法的不同，可以将边界元法的具体形式分为直接边界元法、间接边界元方法以及变分边界元法。直接边界元法是基于 Helmholtz 积分方程推导的，通过求解离散的标量方程组得到边界节点的响应，在此基础上，通过正交计算可以进一步得到远声场的响应；间接边界元法是从势理论的角度推导而来的，耦合系统的外声场可以写成结构表面"源层"的函数，即通过单极子声源、偶极子声源以及它们的组合来描述声学辐射源（这些源的强度密度被称为"势层"），并且间接边界元采用 Huygen 理论的积分形式来表达声场节点的声压；变分边界元法是利用边界解误差的变分形式，结合直接边界积分或者间接边界积分形成的一种组合方法。

作为一种半解析半数值的分析方法，边界元只在求解域的边界上进行单元离散，在域内则是采用解析的形式，因此其计算误差主要来源于边界的离散化，在处理外声场问题时比有限元更有优势。另外由于边界元对原问题进行了降维处理，模型整体的自由度显著降低，因而很适合远声场的计算。边界元处理外声场问题时，特定频率下的计算结果也有可能会出现较大误差，这是由于某些积分奇异项导致的，这些出现较大误差的频率点被称为不规则频率。近几十年来采用边界元来计算结构声辐射和声散射已成为热门的研究方向。

1.2.2　高频声振耦合系统的研究方法

1. 统计能量分析法（SEA）

上述基于单元的方法通常适用于低频激励下的声振耦合系统。当频率范围不断升高，声场的波长会非常小，因此不得不提供大量的单元来捕捉声场的扰动，计算量难以承受，这时就需要考虑采用基于能量的分析方法。统计能量分析法（statistical energy analysis，SEA）于 20 世纪 60 年代被提出，主要用于解决宽带高频随机激励作用下声振耦合系统的动力学响应。这种方法是由陀螺耦合条件下两个弹性振子的能量平衡方程推导而来：向一个振子输入的能量等于其自身耗散的能量与这个振子向另一个振子传递的能量之和。因此统计能量分析的基础理论可以类比于热动力学的经典能量守恒原理。另外，统计能量分析的一个主要理论是两个子系统之间所传递的时间–平均能量与子系统各自的时间–平均模态能量成正比，这个具体的比例系数被称为耦合损耗因子。随后，耦合损耗因子被应用于多个振子（振子群）之间的能量传递的情况。振子群的理论最终衍生出了子系统的概念，即具有同等量级功率谱密度的随机激励作用下的振子群（后来被应用于模态群）被称为一个子系统。

统计能量分析中的"统计"是指把研究对象划分为若干子系统后，假设每个子系统的模态参数（频率、振型、阻尼等）的统计分布是已知的。因此在划分子系统的过程中需要把一系列名义上拥有相近或相似模态参数的部分分成一个子系统。这些子系统模态参数的差异在给定频带内是随机分布的，任何一个子系统都是其统计母体的一个子样，同时给定激励下的响应也是随机的。众多学者将统计能量分析应用到具有多个振型群系统的声振环境预测。Lyon[5]于1995年出版的著作中，详细介绍了统计能量分析中子系统能量平衡方程的推导过程，以及早期的统计能量分析的研究和应用成果。应用统计能量分析法时，一个重要的困难是计算复杂动力学子系统之间的耦合损耗因子，现行的求解手段主要分为两种：模态法和波动法。模态法是根据随机激励下每一对振型的耦合损耗因子来描述耦合子系统之间的耦合特性，其推导过程既需要考虑模态能量均等化的假设，即高频段每个模态所具有的能量相等，也需要假定所关心的频带内的模态数量足够大和阻尼系数足够小；波动法则是考虑在平面波激励下子系统之间连接处的反射系数以及传递系数，进而推导出耦合损耗因子的表达式。由于统计能量分析法给出的是空间和频域的统计平均量，难以得到特定位置、特定频点处的响应信息，这也是统计能量分析法的一个局限性。另一方面，统计能量分析法的一些基本方程都是在严格的假设条件下建立的，如保守耦合、弱耦合、非相关激励[6]。工程实践中如果分析的案例不完全满足这些假设条件，计算结果则会出现很大误差。

众多学者针对统计能量分析法的假设和前提条件进行理论验证和说明。Mace[7]明确了统计能量分析法的若干假设，当耦合过程满足能量守恒和能量互易原理时，模型被称为"准-SEA"模型。除此之外，如果所有间接耦合系数均为0，这时的模型被称为"适定-SEA"模型。随后Mace[8]研究了间接耦合系数为0所需要的条件，并且着重分析了耦合系统模态参数以及模态叠加程度对直接耦合系数以及间接耦合系数的影响。Finnveden[9]提出了一种定量化的准则来说明弱耦合对耦合损耗因子的影响。Magionesi和Carcaterra[10]深入讨论了实际工程系统中模态能量均等化这一假设的有效性。统计能量分析法对激励有着严格的要求，外力的分布必须是空间相互独立的白噪声激励，这样得到的模态力才可以满足对应的非相关性，即所谓的"雨点"（rain-on-the-roof）激励。而点激励通常不适用于统计能量分析，因为点激励很难得到相同量级的模态力，进而满足模态能量均等化假设。Le Bot和Cotoni[11]对统计能量分析法应用于实际工程的一些限定条件做了验证，其中对频带内简谐模态数量，模态叠加程度等参数的限定范围做了规定。Lafont[12]等人于2014年发表了一篇关于统计能量分析的基本假设、适用范围以及在声振耦合系统中的应用方面的综述文章。文中指出点激励只有在阻尼较低和频率较高时才会激发出扩散声场，而"雨点"激励则没有阻尼和频率限制，很容易就激发出扩散声场。进一步地，当系统的半功率带宽保持为常数时，采用"雨点"激励便可以得到均匀分布的模态能量，即模态能量均等化假设被满足。然而由于实际工程环境的复杂性，这些假设在现实中难以全部满足。近年来，基于统计能量分析法的修正以及去除某一假设的拓展方法也得到了较大的发展，如将弱耦合模型拓展为强耦合统计能量分析模型、非保守耦合模型、间接耦合模型、非一致指向性能量分布模型、非均匀空间能量分布模型。

2. 能量有限元法（EFEM）及能量边界元法（EBEM）

据前文所述，采用基于单元的分析方法，单元的尺寸必须足够小才能捕捉结构域及声场内波的传播。另一方面，统计能量分析法只能计算子系统的时间平均能量，而无法预测子系统内部的能量变化。结合统计能量分析理论的能量流平衡方程以及有限元理论发展的能量有限元法（energy finite element method，EFEM），在一定程度上可以解决这个问题。首先需要推导以能量密度为变量的控制微分方程（能量平衡方程），能量密度在时间上取一个周期平均，空间上取一个波长平均，然后采用有限元法对微分方程进行数值求解。相关学者将能量有限元法应用到杆、梁和板结构的高频振动分析。Zhang[13]等人将能量有限元法拓展到流体载荷作用下的高频结构振动分析。

统计能量分析法采用的是基于模态的数值解法，而能量有限元法采用的则是波动的方法。模态-波的二重性理论可以很好地解释两种手段之间的联系[5]。统计能量分析法中，响应可以由每个子系统的所有正则模态的线性叠加来表示。子系统的响应可以被分为连贯部分以及非连贯部分，而只有后者才可以被结果捕捉到。并且统计能量分析法中"子系统每个模态能量的和即为子系统的总能量"，这一结论只有在研究频带内具有大量正则模态的情况才适用。同样，以波动的方式分析，可以将振动域分为直接部分以及混响部分，能量有限元法只能够捕捉到混响域的响应。并且只有在数个波长相近的波出现在一个组件的时候，能量有限元才可以得到较为精确的解，这一要求与统计能量分析中高模态密度的假设等效，因此能量有限元也通常被用来处理高频问题。另一方面，统计能量分析法用能量传递系数（子系统间耦合损耗因子）来描述子系统之间的能量流平衡，而能量有限元法则是通过附加在整体有限元矩阵的部件间连接节点的耦合矩阵来描述，其中耦合矩阵内的元素也是由能量传递系数推导而成的。由于其数值模型里包含了结构的激励形式、几何信息以及材料参数，因此能量有限元可以预测到子系统内部的能量分布，也可以结合优化手段对系统局部性能进行优化。

由于能量有限元是采用三维实体单元离散的形式来模拟声场的，因此处理无限声场的声辐射问题比较困难。针对高频声辐射问题，Wang[14]等人开发了能量边界元法（energy boumdary element method，EBEM），引入边界元法求解能量方程，其边界条件为结构表面的能量强度。先根据结构的振动控制方程，给出对应动力学方程的波动解，基于波动解求出功率流和能量密度的关系，得到结构振动能量方程。接着将功率流概念引入边界元计算，在获得结构振动能量方程的基础上，将求解得到的自由空间格林函数作为权函数，在域内积分并做分部积分处理，实现微分算子的转移，最终形成能量边界元法。对于结构声辐射问题，能量有限元与能量边界元也可以结合使用，即应用能量有限元求解结构域以及结构与声腔耦合界面的能量强度，然后以此为边界条件来计算远场声辐射。

1.2.3 　中频声振耦合系统的研究方法

1. 统计模态能量分布分析法（SmEdA）

传统的基于单元离散的分析方法通常适用于低频分析，而统计能量分析法由于较多限制性假设，必须在高频区间才可以被很好地应用。近年来，针对中频声振耦合系统的特殊振动表现形式，一些分析方法应运而生，统计模态能量分布分析法（statistical modal energy distribution analysis，SmEdA）就是其中一个典型方法。这里需要说明的是，针对低频、中频以及高频的划分没有十分明确的定义，通常可以按照模态密度的大小来定义中频区，即模态密度既不是高到足以进行谱平均，也不是低到有限元在计算量上是可行的[15,16]。

统计模态能量分布分析法是由 Maxit[15,16] 于 2001 年提出的，起初旨在解决统计能量分析法中子系统间耦合损耗因子的求解问题。传统的方法在计算子系统耦合损耗因子的时候会遇到不同程度的局限性，如传递波方法通常被用来推导一些简单结构部件的耦合损耗因子表达式，如梁、板、壳。这种方法虽然简单方便，但通常适用于较规则构型的结构。试验方法对实际工程结构的中高频声振响应测量十分有效，但不是一个预测的方法，无法在产品的初始设计阶段应用。针对此问题，相关学者将有限元技术引入子系统间耦合损耗因子的计算，首先用有限元计算耦合系统的数值响应，接着用得到的响应数据来识别耦合损耗因子。此种手段通常用来验证统计能量分析的若干假设，然而这种方法依然受频率限制并且由于采用的是耦合系统的整体模态，无法模拟各个子系统不同的阻尼损耗因子。

统计模态能量分布分析法利用有限元处理每个子系统的模态信息，通过每个子系统的模态参数来计算子系统模态间的能量流平衡，综合每个模态能量之间的耦合损耗因子，最终得到子系统间的耦合损耗因子。其具体的实施过程：

首先采用对偶模态规划将耦合界面处具有明显刚度差异的系统解耦[17]，然后提取解耦后的各个子系统的模态信息并建立模态坐标下子系统各个模态间的能量平衡方程。这一理论将统计能量分析中子系统之间的耦合细化到子系统各个模态间的耦合，摒弃了统计能量分析法中关于模态能量均等化的假设，可以将研究频率范围从高频延伸到中频区间，并且可以处理点激励下的耦合系统响应（点激励下的系统很难满足传统的统计能量分析法所要求的模态能量均等化假设）[18]。由于子系统的模态信息提取过程可以采用有限元法实现，因此可以处理复杂构型的声振耦合案例[19]。正因为这些优势，统计模态能量分布分析法可以考虑非共振模态的影响[20,21]，也可以通过后处理的方式预测子系统特定位置、特定区域的能量分布情况[22]。

近些年统计模态能量分布分析的理论以及应用得到了较快的发展。Aragonès[21]等人采用数学中图论的手段可以更加方便地描述统计模态能量分布分析模型中模态能量的传递。Hwang[23]等人将工程中典型的耗散材料（包括黏弹性阻尼材料和多孔吸声材料）引入统计模态能量分布分析模型，达到控制噪声的目的。Van Buren[24]等人分析了统计模态能量分布分析模型中含有不确定性参数的能量传播理论。

2. 逐频点模态能量分析法（MODENA）

SEA 以及 SmEdA 都是由两耦合振子之间能量传递平衡原理推导得到的能量方法。当非共振模态的影响不可忽略时（如腔/板/腔耦合的声传递案例），这两种方法就有一定的局限，导致耦合系统间的能量传递被低估。SEA 是通过引入间接耦合项来实现非共振模态贡献的引入，SmEdA 无法考虑间接耦合项，而是通过将非共振模态信息向共振频带内模态信息有效凝聚来实现的。Totaro 和 Guyader[25]基于 SmEdA 框架，以两耦合振子在每个频点下的能量传递平衡为基本理论，建立逐频点模态能量分析法（modal energy analysis，MODENA），可以自然地引入非共振模态对声振响应的贡献，其对应的动力学控制方程中模态注入能量、模态损耗能量以及模态传递能量均与频率相关。与 SmEdA 基于研究频带建立能量平衡方程不同，MODENA 可以建立单个频点下的模态能量平衡，能够精准预测每一频率点耦合系统的声振响应。MODENA 的计算精度与结构子系统和声腔子系统之间的耦合强度相关，Zhang[26]等人定义了一项无量纲系数来衡量子系统各阶模态之间的耦合强度，通过板/腔耦合案例表明低阶模态之间（低频）属于中度耦合，而高阶模态之间（中高频）属于弱耦合，最终发现 MODENA 在低频段存在一定的分析误差，而在中高频区间的计算结果表现出较高的精度。除了模态耦合强度以外，MODENA 的预测精度还与模态力之间的相关程度有关，Zhang[27]等人分析了四种压力场载荷（包括纯随机压力场载荷，完全相关压力场载荷，入射耗散场载荷以及湍流边界层载荷）的相关性程度与模态能量预测结果误差之间的联系，发现只有当载荷相关性较弱时 MODENA 的计算误差才可以忽略。

3. 其他中频声振耦合系统的分析方法

部分学者给出了一些求解中频问题的其他方法，包括有限元-统计能量分析混合法（FEM-SEA）、波动法以及复合包络向量法。这几类计算方法在实际应用中依然具有一定的局限性。如有限元-统计能量分析混合法，也需要先将耦合系统划分为若干子系统，将不满足统计能量分析假设的子系统采用有限元法来计算。当振动波长明显大于子系统尺寸时采用有限元法，否则采用统计能量分析法。这种方法的优势是相对于完全采用有限元分析可以节省一部分计算成本，但是由于需要事先判定各个子系统的动力学属性，并且处理两种不同属性的子系统的耦合界面依然较为费时。波动法的一个缺点是很难处理复杂几何的耦合系统。复合包络向量法通常只适用于高阻尼耦合系统以及外声场问题，应用范围受到一定的限制。

1.3 声振耦合系统优化研究的发展概述

在产品的初始设计阶段就考虑减振降噪的问题，可以降低后续产品运行阶段的噪声控制费用以及维护成本。将优化设计理念引入声振耦合系统的噪声控制已成为工程界的研究热门。综合声振耦合系统的优化研究内容来看，低频范围的优化工作成果较为丰富。相对低频而言，中高频声振耦合系统优化的研究工作则有待推进。

1.3.1 低频声振耦合系统优化的发展

优化模型的一个核心要素是目标函数，最初针对低频内声场优化问题的研究通常选择闭合区域声场中一个或若干个点的声压或声压级作为研究对象，取指定位置的声压在一个频点的数值或某一特定频率段的平均值作为目标函数。然而降低一个点的声压往往会引起声场其他位置声压的升高，并且优化特定离散频率点的目标函数很可能导致声压在其他频率范围内出现较大的峰值。Koopmann 以及 Fahnline[28]首次使用特定区域内的均方声压作为声振耦合优化的目标函数，均方声压与流体介质的势能成正比，采用这种形式的目标函数可以与声场能量联系在一起。对于外声场的声辐射问题，通常选用辐射声功率作为优化目标，即声压与流体法向速度的共轭复数在声振耦合面内的积分。耦合面既可以选择所研究结构的整个表面，也可以选取包围振动结构的人工边界面，如包围结构的人工球面。

与声功率不同的还有声功率级，假定结构的共振频率与声场共振频率相等，声功率级就可以根据各个共振频率点处的声功率之和计算得出。这种手段仅限于低阻尼结构，在计算多频或宽频优化问题时可以节省计算量。Tinnsten[29]首次使用某一点的声强作为声辐射优化问题的目标函数。除了选择几种常用的声学指标作为目标函数来进行噪声优化，大量的研究工作还采用了其他的目标形式，如 Marburg 和 Hardtke[30]以及 Esping[31]分别采用形状优化以及拓扑优化的方式，通过最大化车体结构特征频率来改善汽车结构的声振特性。改变结构的特征频率相当于进一步控制结构的动力学柔度。Jog[32]采用拓扑优化方法对周期载荷作用下结构的动力学柔度进行最小化，从另一个角度改进了结构的声振特性。Christensen 以及 Olhoff[33]不满足于结构声辐射特性的优化，提出了特定指向性模式的声学优化技术，在数学上将目标函数定义成优化目标与一个特定曲线平方差的形式。Hambric[34]发展了一种合成目标函数，包含结构的声辐射指标与结构质量及制造成本，由于结构质量对优化的影响，很多声振优化都将结构质量作为约束条件。

对于全耦合的声振模型，众多学者依然提出了不同的目标函数，其中就包括声传递损失系数的优化。声波透过中间结构向另一个区域传递，通过优化中间结构的特性可以充分降低传递声场的强度，达到降噪目的。Ratle 和 Berry[35]将声传递优化拓展至无限域声场，即受声室被考虑为远场无限声场。将权系数引入目标函数进而形成可以同时优化多个目标的优化模型也被学者们所采用。Nagaya 和 Li[36]将声压与结构振动速度同时引入优化目标当中，来处理板的噪声辐射优化问题。

对优化模型的求解需要不同指标函数关于设计变量的灵敏度，评价同一指标函数对于不同设计变量的灵敏度是优化研究的关键步骤。灵敏度即为目标函数关于设计变量的导数，众所周知导数的概念是差分的极限，最简单同时也是最初用来计算灵敏度的数值方法为有限差分法，其中向前（后）差分法仅需要将目标函数做一微小摄动再除以设计变量的摄动范围即可得到。一个具有更高精度，更低截断误差的差分法是中心差分法，此方法需要在原目标函数向前以及向后摄动两次，因此计算量也是向前（后）差分的两倍。在早期的低频声振优化中，有限差分技术被广泛地采用。有限差分法的可靠性通常依赖于所选取步长的大小，毫无疑问，较大的步长无法捕捉目标函数的非线性变化。而用解析法或半解析法进行灵敏度分析，在一定程度上可以缓解这方面的问题。20 世纪 90 年代中后期众多学者采用解析或者半解析方法来处理声振耦合优化问题的灵敏度，其中包括声压或声压级灵敏度计算[37,38]，以及特征值或特征向量的灵敏度[39]。这里需要补充的是，当优化模型的设计变量非常多时，解析法或半解析法可以结合伴随变量法来进行灵敏度分析。如 Choi[37] 等人以及 Wang[38] 基于声-结构有限元公式，使用伴随变量法推导了声场声压的灵敏度，其中 Choi[37] 等人的研究涉及了 36000 个设计变量。

初期声振耦合优化的研究中，结构通常可以分为梁、板壳、导管及其复合结构。其具体工作既包含梁、板壳的声辐射优化，也包含管道和箱体声腔的内外声场优化。针对工程上的实体结构，声振耦合优化的案例大致分为夹层板结构、扬声器振膜结构、钟铃及喇叭等声乐结构、航空航天组件的类圆柱结构以及汽车车体结构。其中夹层板结构的优化主要是用来最大化不同频段下声场的传递损失系数。扬声器振膜的声振优化主要涉及对振膜环形质量以及轴对称壳结构几何的最优调整，进而满足特定频率范围内规定声学指向性的要求。通过对声乐结构的形状、局部尺寸及外形的优化，可以使其在规定频段内具有优秀的乐理表现。薄壁圆柱壳结构通常被用于航空及航天器的内舱，对应的优化工作涉及单极子声源激励下的内舱筒节的厚度优化，横截面及加固单元的位置优化。低频声振耦合优化中工程案例应用较多的是汽车车体结构，主要包括对车内部发动机噪声辐射的优化，车体分段壳结构厚度的优化，车体局部结构壳几何形状的优化，这些优化形式旨在降低汽车整体的噪声、振动，提升平顺性，这三项要求即为车辆设计中的 NVH 指标。

进入 21 世纪，声振优化的研究对象不再是简单的板、梁结构，也不仅仅局限于简化型工程实体的声振分析，而是致力于开发更加细化的新型工业装备的优化设计。如 Merz[40] 等人通过对潜艇结构谐振变换器的优化，降低了潜艇的噪声辐射。Choi[41] 等人使用模型降阶技术提升了汽车变速器的声辐射效率。

众所周知，全耦合声振优化模型中同时需要结构和声场两部分的自由度，产生的较大计算量一定程度上限制了研究频率的范围，Puri 以及 Morrey[42] 通过引入一种 Krylov 子空间技术有效地降低了传统本构矩阵的维度，大幅度节省了计算时间。将有限元法与边界元法结合起来处理声振耦合问题是 2000 年后的一个热点，对应的优化研究通常将伴随变量法引入有限元法与边界元法，进而构成连续的声振耦合优化分析程序。针对尺寸优化降低声振耦合系统内声场的噪声问题，早期文献的研究频率范围仅限于较窄的频带，这样优化的原理在于尽可能地将具有较大量级的共振峰值移出频带。2006 年 Bös[43] 分析了宽频带声振耦合系统的尺寸优化，将 0～1000Hz 拓展到 0～3000Hz，这样做可以使宽频带内所有的共振峰值均有一定的降低，而不仅是单纯地将共振峰移出频带。

新型复合材料以及复合结构被广泛用于声振耦合系统的优化,包括具有复杂构型芯层的夹层板结构的声辐射优化,夹层复合圆柱壳的内部声传递优化,金属–复合材料合成结构的材料选择优化,泡沫夹层复合板的结构–声学特性双功能优化,带有线型加强筋和点质量的汽车壁板结构声辐射优化,带有波纹构型芯层的夹层复合材料的声传递优化。众多复合材料以及阻尼材料的优化应用均属于被动声振控制,Zhang[44]等人首次将主动控制机制(压电材料)引入声振耦合系统的优化中,相对传统的被动噪声控制迈进了一大步。

实际工程中由于物理参数以及边界条件的不确定性等客观因素,众多学者将不确定性分析引入声振耦合系统,对其进行了一系列的可靠性优化,基于概率分布特性的模糊参数优化,以及鲁棒性优化等。由于拓扑优化技术的快速发展及其对工程结构设计的重要指导意义,其在声振耦合系统的优化方面也具有极大的发展空间,不同的拓扑优化方法在近十年来被引入声振耦合优化中,如变密度法、水平集法、微结构设计域法。研究者们不满足于单项材料宏观尺度的拓扑优化,于是多材料拓扑优化以及微结构多尺度拓扑优化也相继被应用于声振耦合系统中。随着工程数值方法的不断丰富,越来越多的计算方法被引入声振耦合系统优化的研究中,如禁忌搜索法、自由形态优化法、响应面法等。由于产品质量要求的不断提高,实际工程需要考虑的因素也不断增多,声振耦合系统优化研究也出现了相应的多目标优化。

1.3.2　中高频声振耦合系统优化的发展

对于高频声振耦合系统的优化研究,目前学者们采用的研究方法大致为统计能量分析、能量有限元法以及能量边界元法。Lu[45]采用统计能量分析模型找出了可以控制子系统之间能量流动的最优阻尼系数。Dinsmore 和 Unglenieks[46]基于蒙特卡罗随机参数理论提出了基于统计能量分析模拟的声学优化理念,但其工作没有涉及具体的优化数学模型。Chavan 和 Manik[47]使用解析法推导了子系统参数的改变对子系统声学振动指标的影响,并将解析法的灵敏度与有限差分法对比得到了较好的吻合度。Bartosch 以及 Eggner[48]计算了子系统总能量关于子系统间耦合损耗因子以及阻尼损耗因子的解析灵敏度,并将其推广至车体噪声优化上面。John 和 Wang[49]基于统计能量分析框架对汽车底板进行了声振优化设计。Chen[50]等人将灰色关联分析与主成分分析方法结合起来形成了一种新的优化方法,并应用此方法降低了车体内外声场的噪声。Culla[51]等人推导了统计能量分析模型中子系统能量关于其物理参数(尺寸厚度、阻尼系数)的灵敏度,并且优化了某直升机各个子系统的厚度,进而将各子系统能量降至规定的等级。虽然适用于高频动力学分析，但是由于统计能量分析法是以子系统的总能量为研究对象，忽略了对子系统内部能量变化的模拟，因此无法对子系统的局部特征进行优化。Bernhard[52,53]等人对能量有限元模拟下的声结构耦合系统提出优化设计的理念，分析了板厚度的改变对耦合系统能量密度的影响，但是其工作并没有建立完整的优化模型及灵敏度分析公式。Borlase 和 Vlahopoulos[54]利用能量有限元可以分析单元尺度下几何信息及结构阻尼的特点，并且集成开源的约束优化程序（CONMIN），优化了高频激励下渔船船体各部分的阻尼布局。尽管如此，针对高频声振耦合系统的灵敏度分析却迟迟没能进行，直到Kim[55]等人于 2004 年首次采用能量有限元推导了结构系统（无声学阻尼）的灵敏度公式，但其研究并没有涉及结构与声场的耦合。Dong[56]等人采用直接微分法以及伴随变量法推导了基于能量有限元的高频声振耦合系统的灵敏度公式，其结果与有限差分法得到的结果吻合。在处理高频声辐射问题上，能量有限元与能量边界元可以集成在一起处理高频声辐射优化。Dong[57]等人针对此方面工作做了深入的研究，首先采用能量有限元计算结构的整体能量分布，并以此作为边界条件计算远场声学测点的能量密度。

中频声振耦合系统优化的研究则相对欠缺，仅有的工作是采用有限元-统计能量分析混合法来进行优化分析[58,59]。采用有限元-统计能量分析混合法进行优化必须对原有声振系统进行动力学特性分类，即振动波长较大的子系统通过有限元分析模拟（确定型子系统分析），波长较小的则采用统计能量分析计算（统计型子系统分析）。然而实际工程问题十分复杂，并不一定能够完全满足这种波长差别明显的分类方式，因此优化对象的适用性受到了一定限制。

第 2 章

统计模态能量分布分析法及中频
声振耦合系统尺寸优化

2.1 引言

第 1 章介绍了针对声振耦合系统的各种分析方法，讨论了各种方法的优势和局限性，着重给出了不同方法的频率适用范围。统计模态能量分布分析法作为统计能量分析的一种提升方法，以耦合子系统各阶模态的能量平衡为理论基础，摒弃了传统理论的限制性假设（如模态能量均等化假设），将研究频段由高频延伸至中频区间。另一方面，作为有限元法与能量平衡原理的结合，统计模态能量分布分析法可以处理具有复杂构型的声振耦合问题。在分析的基础上进一步研究有效的优化方法，对工程设计具有重要意义。

本章首先给出了声振耦合系统的统计模态能量分布分析方法，然后建立了中频声振耦合系统的尺寸优化模型，其中声腔子系统总能量为目标函数，结构子系统（由板、壳组成）的厚度作为设计变量，约束函数为结构质量。对上述模型提出了有效的优化求解策略，重点推导了声腔子系统总能量关于结构尺寸的半解析灵敏度公式，由于目标函数的灵敏度分析涉及所关心的频带内大量中高阶模态的导数，解析法难以处理，故模态的导数采用差分法求解，而模态能量的导数则采用解析法求解。为解决由尺寸摄动引起差分前后耦合系数矩阵维度不一致，差分无法进行的问题，提出了系数凝聚技术，最后采用了移动渐进线方法进行优化求解。数值计算实例首先通过与全局差分法计算的灵敏度结果对比，验证了半解析灵敏度公式的准确性，然后给出长方形腔体和某飞行器整流罩的两个声振耦合案例，在质量不增加的前提下，优化后声腔子系统总能量的显著降低说明了本章优化方法的有效性。

2.2 统计模态能量分布分析基本理论

2.2.1 模态坐标下的声振耦合方程

这里以典型声结构耦合系统（图2.1）为例介绍统计模态能量分布分析法处理声振耦合问题的过程，耦合系统由声腔与弹性薄板组成。一个具有常数功率谱密度的宽带白噪声点激励 $F(t)$ 沿结构板的法向作用在 ε 位置上，点激励是关于时间的函数。S 代表声结构耦合界面，除 S 外，声腔的其他边界均设置为声场刚性边界。如图2.1所示，弹性薄板作为结构域，内部声腔属于声场域。式（2.1）及式（2.2）给出了保守声振耦合系统（无阻尼）的有限元离散方程[23]，其中相关符号上部的"¨"表示对时间的二阶导数。

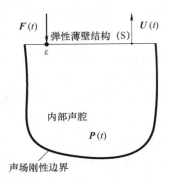

图 2.1 弹性薄壁结构在点激励作用下与声腔的耦合

$$F(t) = M_s \ddot{U}(t) + K_s U(t) - C P(t) \tag{2.1}$$

式中 $F(t)$——与点激励相关的节点力向量。

　　　$U(t)$——薄板的节点位移向量；

　　　$P(t)$——声腔的节点声压向量；

　　　M_s——结构的质量矩阵；

　　　K_s——结构的刚度矩阵；

　　　C——声场与结构的耦合矩阵。

$$M_c \ddot{P}(t) + K_c P(t) + C^T \ddot{U}(t) = 0 \tag{2.2}$$

式中 M_c——声场的质量矩阵；

K_c——声场的刚度矩阵；

其他符号同式（2.1）。

根据对偶模态理论[17]（dual modal formulation，DMF），具有较强刚度的结构与较弱刚度的空气耦合时，可以将耦合系统分解为两个解耦的子系统，而声结构耦合系统正好满足这个条件。薄板作为结构子系统，与声腔内部空气产生耦合的位置可以采用自由边界条件下的位移场模态来描述；声腔作为声腔子系统，可以采用固定边界条件下的声场模态来描述。模态分解如下。

$$U(t) = \sum_{m=1}^{\infty} \chi_m(t) U_m \tag{2.3}$$

式中　U_m——结构子系统的 m 阶模态振型；

$\chi_m(t)$——结构子系统的 m 阶模态坐标。

$$P(t) = \sum_{n=1}^{\infty} \xi_n(t) P_n \tag{2.4}$$

式中　P_n——声腔子系统的 n 阶模态振型；

$\xi_n(t)$——声腔子系统的 n 阶模态坐标。

将式（2.3）及式（2.4）分别代入式（2.1）及式（2.2），并且分别左乘 U_m^T 和 P_n^T 可得到解耦后两个子系统的模态坐标方程

$$\begin{cases} M_m \ddot{\chi}_m(t) + M_m \omega_m^2 \chi_m(t) - \sum_n^{\infty} W_{mn} \xi_n(t) = F_m(t), \forall m \in (0, \infty) \\ M_n \ddot{\xi}_n(t) + M_n \omega_n^2 \xi_n(t) + \sum_m^{\infty} W_{mn} \ddot{\chi}_m(t) = 0, \forall n \in (0, \infty) \end{cases} \tag{2.5}$$

式中　ω_m——结构子系统的 m 阶角频率；

M_m——结构子系统的 m 阶模态质量；

ω_n——声腔子系统的 n 阶角频率；

M_n——声腔子系统的 n 阶模态质量；

$F_m(t)$——结构子系统的 m 阶模态力；

W_{mn}——结构子系统第 m 阶模态与声腔子系统第 n 阶模态之间的耦合功。

$$\begin{cases} F_m(t) = F_0(t) U_m(\varepsilon) \\ W_{mn} = \int_S U_m P_n \mathrm{d}S \end{cases} \tag{2.6}$$

式中　$U_m(\varepsilon)$——耦合面位置的结构法向模态在激励点 ε 处的振型。

以上过程利用了子系统的模态正交特性，即 $U_{m'}^T M_s U_m = U_{m'}^T K_s U_m = 0 (m' \neq m)$，$P_{n'}^T M_c P_n = P_{n'}^T K_c P_n = 0 (n' \neq n)$。

现实工程中无法考虑每个系统的全部模态，而在低阻尼的情况下，共振模

态即可准确描述系统的动力学表现（共振模态是指激励频带内的全部模态）[60]。
这里将式（2.5）中的变量 ξ_n 替换为 $\dot{\zeta}_n$ 再对声腔子系统模态耦合方程进行一次时间积分，并且只考虑共振模态之间的耦合，可以得到共振频带内两个子系统的模态耦合方程：

$$\begin{cases} M_m \ddot{\chi}_m(t) + M_m \omega_m^2 \chi_m(t) - \sum_n W_{mn} \dot{\zeta}_n(t) = F_m(t), \forall m \in (1, M) \\ M_n \ddot{\zeta}_n(t) + M_n \omega_n^2 \zeta_n(t) + \sum_m W_{mn} \dot{\chi}_m(t) = 0, \forall n \in (1, N) \end{cases} \tag{2.7}$$

式中 M、N——两个子系统内共振模态的数量。

由式（2.7）可以看出，子系统中不同模态之间的耦合与线性回转耦合（描述流体与结构之间的耦合）条件下，弹性振子之间的耦合在数学形式上表现一致，即一个子系统中的模态与另一个耦合子系统的模态发生耦合关系，同一个子系统的模态之间并无耦合。其中 $W_{mn} \dot{\zeta}_n(t)$ 与 $W_{mn} \dot{\chi}_m(t)$ 表示线性回转耦合单元对两个子系统模态方程的影响，可以看出回转耦合单元只与振子的速度有关，也就是说回转耦合单元表述下的振子耦合方程并无能量耗散，因此式（2.7）仅为保守耦合系统（无阻尼系统）的模态耦合方程。进一步在模态耦合方程里直接引入黏性阻尼损耗因子，最终得到可以考虑能量损耗的两个子系统模态耦合方程

$$\begin{cases} M_m \ddot{\chi}_m(t) + \omega_m \eta_m \dot{\chi}_m(t) + M_m \omega_m^2 \chi_m(t) - \sum_n W_{mn} \dot{\zeta}_n(t) = F_m(t), \forall m \in (1, M) \\ M_n \ddot{\zeta}_n(t) + \omega_n \eta_n \dot{\zeta}_n(t) + M_n \omega_n^2 \zeta_n(t) + \sum_m W_{mn} \dot{\chi}_m(t) = 0, \forall n \in (1, N) \end{cases}$$
$$\tag{2.8}$$

式中 η_m——结构子系统的 m 阶模态阻尼损耗因子；

η_n——声腔子系统的 n 阶模态阻尼损耗因子。

从式（2.8）可以看到不同子系统模态之间的耦合部分并没有涉及阻尼，而阻尼项仅考虑为每个模态的自身损耗，这是统计模态能量分布分析模型的基本假定，因此这种模态之间的能量传递可以类比于弹性振子之间的能量传递[18]。

2.2.2 模态能量平衡方程

统计模态能量分布分析法不再局限于传统方法中耦合子系统之间的能量传递，而是将能量流细化到子系统的每一个模态之间的能量平衡。依据能量守恒定律，向一个模态 m 注入的能量等于此模态由于自身阻尼所耗散的能量与这个模态向另一个子系统所有模态传递的能量之和，结构子系统 m 阶模态能量平衡表达式为

$$\Pi_m^{\text{inj}} = \Pi_m^{\text{diss}} + \sum_{n=1}^{N} \Pi_{mn}, \forall m \in (1, M), \forall n \in (1, N) \tag{2.9}$$

式中 Π_m^{inj}——由模态力引起的时间平均能量，可以称之为模态注入功；

   Π_m^{diss}——由模态自身阻尼引起的耗散能量；

   Π_{mn}——共振频带内结构子系统 m 阶模态向声腔子系统 n 阶模态传递的时间平均能量[23]。

$$\begin{cases} \Pi_m^{\text{inj}} \approx \dfrac{\pi S_{\text{FF}}}{4 M_m} \left[U_m(\varepsilon) \right]^2 \\[2mm] \Pi_m^{\text{diss}} \approx \omega_m \eta_m E_m \\[2mm] \Pi_{mn} \approx \beta_{mn} (E_m - E_n) \end{cases} \tag{2.10}$$

式中 S_{FF}——外加点力的功率谱密度；

   E_m——结构子系统的时间平均模态能量（为了方便表述，后文简称为结构子系统模态能量）；

   E_n——声腔子系统的时间平均模态能量（为了方便表述，后文简称为声腔子系统模态能量）；

   β_{mn}——结构子系统 m 阶模态与声腔子系统 n 阶模态的耦合系数。

β_{mn} 的具体表达式为[18]

$$\beta_{mn} = \frac{W_{mn}^2 (\omega_m \eta_m \omega_n^2 + \omega_n \eta_n \omega_m^2)}{(\omega_m^2 - \omega_n^2)^2 + (\omega_m \eta_m + \omega_n \eta_n)(\omega_m \eta_m \omega_n^2 + \omega_n \eta_n \omega_m^2)} \tag{2.11}$$

W_{mn} 即为式（2.6）中的模态耦合功，体现了不同子系统模态振型之间的耦合强度；其他项则反映了频率之间的耦合强度以及模态阻尼损耗因子对耦合强度的影响。这里需要说明的是，式（2.9）体现了耦合系统不同模态之间的能量传递关系，即结构子系统模态 m 向声腔子系统模态 n 传递的能量流 Π_{mn} 与二者自身的模态能量之差成正比，这一结论只在外部激励为白噪声的条件下才能够满足[18]。

统计模态能量分布分析模型将子系统之间的耦合细化到子系统各个模态间的耦合，摒弃了统计能量分析法中关于模态能量均等化的假设，可以将研究频率范围从限制高频延伸到中频区间，并且可以处理点激励下的耦合系统的响应（点激励下的系统很难满足传统的统计能量分析法所要求的模态能量均等化假设）[18]。由于子系统的模态信息提取过程可以采用有限元法实现，因此可以处理复杂构型的声振耦合案例[19]。最后，以同样的方式也可以获得声腔子系统的模态能量平衡方程，最终将所关心的频带内两个子系统的所有模态能量平衡方程组成一个矩阵

$$\begin{Bmatrix} C_{11} & C_{12} \\ C_{21} & C_{22} \end{Bmatrix} \begin{Bmatrix} E_1 \\ E_2 \end{Bmatrix} = \begin{Bmatrix} \Pi_1 \\ \Pi_2 \end{Bmatrix} \tag{2.12}$$

式中模态耦合系数矩阵的每个子块可以表示为

$$\begin{cases} C_{11} = \left[\mathrm{diag} \left(\omega_m \eta_m + \sum_{n \in N} \beta_{mn} \right) \right]_{M \times M} \\ C_{12} = \left[-\beta_{mn} \right]_{M \times N} \\ C_{21} = \left[-\beta_{mn} \right]_{N \times M} \\ C_{22} = \left[\mathrm{diag} \left(\omega_n \eta_n + \sum_{m \in M} \beta_{mn} \right) \right]_{N \times N} \end{cases} \quad (2.13)$$

式中　E_1——结构子系统的模态能量向量（后文简称为结构模态能量向量），

　　　　$E_1 = [E_m]_{M \times 1}$；

　　　E_2——声腔子系统的模态能量向量，$E_2 = [E_n]_{N \times 1}$；

　　　Π_1——结构子系统的模态注入功向量，$\Pi_1 = \left[\Pi_m^{\mathrm{inj}} \right]_{M \times 1}$；

　　　Π_2——声腔子系统的模态注入功向量，$\Pi_2 = \left[\Pi_n^{\mathrm{inj}} \right]_{N \times 1}$。

求解式（2.12）并将每个子系统的模态能量求和，即可得出各个子系统的总能量

$$\begin{aligned} E_{\mathrm{str}} &= \sum_{m=1}^{M} E_m \\ E_{\mathrm{aco}} &= \sum_{n=1}^{N} E_n \end{aligned} \quad (2.14)$$

式中　E_{str}——结构子系统的总能量；

　　　E_{aco}——声腔子系统的总能量。

2.3　优化列式及灵敏度分析

2.3.1　优化模型

为降低中频范围声腔内的噪声，将所关心的频带内声腔子系统的总能量设定为目标函数，将结构子系统中不同子区域的厚度定为设计变量，每个子区域的厚度在规定范围内变化。考虑到工程中对制造成本的限制，将结构质量设定为约束条件，规定优化后结构质量不得高于初始状态，优化模型的数学表达为

　　　　最小化：$E_{\mathrm{aco}}(\boldsymbol{x})$

　　　　约束：$\begin{cases} M(\boldsymbol{x}) \leqslant M_{\mathrm{u}} \\ x_1 \leqslant x_i \leqslant x_{\mathrm{u}}, i \in (1, d) \end{cases}$ 　　(2.15)

式中 $\boldsymbol{x}$——结构子系统中不同子区域的厚度，$\boldsymbol{x} = \{x_1 \cdots x_d\}^{\mathrm{T}}$；

$\quad E_{\mathrm{aco}}(\boldsymbol{x})$——所关心的频带内声腔子系统的总能量；

$\quad\quad x_1$——每个设计变量的下限；

$\quad\quad x_{\mathrm{u}}$——每个设计变量的上限；

$\quad\quad d$——设计变量的个数；

$\quad\quad M(\boldsymbol{x})$——结构子系统的总质量；

$\quad\quad M_{\mathrm{u}}$——规定的质量上限。

优化模型建立好之后，面临着如何求解的问题。总体上可将优化求解的方法分为两个大类：一类是不需要求解灵敏度的智能算法，另一类则为基于梯度的数学规划方法。智能算法虽然可以得到全局最优解，但其计算成本相对过高，通常适用于设计变量较少的情况。考虑到统计模态能量分布分析法的计算中涉及所关心频带内的多阶模态分析，计算量较大，因此本章选用基于梯度的数学规划方法。基于梯度的数学规划方法是沿目标函数下降的最优方向搜索，不断地将目标函数逼近最优解，其计算效率较智能算法而言具有明显的优势，常见的方法有序列线性规划法，序列二次规划法，凸规划法等。由 Svanberg 提出的移动渐近线法（the method of moving asymptotes，MMA）[61]，以及全局收敛移动渐近线法（the globally convergent method of moving asymptotes，GCMMA）[62]，由于在求解非线性优化模型中表现出较强的可靠性和良好的稳定收敛性，因此在结构优化领域应用广泛。本章的优化模型采用 MMA 法进行求解，已有专门的文献对该方法进行了详细阐述，这里不再赘述。

2.3.2 灵敏度分析

灵敏度分析是 MMA 优化算法使用的前提，本节给出目标函数和约束函数的灵敏度推导过程。首先，式（2.12）可以分成两个部分：

$$\boldsymbol{C}_{11}\boldsymbol{E}_1 + \boldsymbol{C}_{12}\boldsymbol{E}_2 = \boldsymbol{\Pi}_1 \qquad (2.16)$$

$$\boldsymbol{C}_{21}\boldsymbol{E}_1 + \boldsymbol{C}_{22}\boldsymbol{E}_2 = \boldsymbol{\Pi}_2 \qquad (2.17)$$

在式（2.16）中求得 $\boldsymbol{E}_1$ 的表达式并代入（2.17）得到

$$(\boldsymbol{C}_{22} - \boldsymbol{C}_{21}\boldsymbol{C}_{11}^{-1}\boldsymbol{C}_{12})\boldsymbol{E}_2 = \boldsymbol{\Pi}_2 - \boldsymbol{C}_{21}\boldsymbol{C}_{11}^{-1}\boldsymbol{\Pi}_1 \qquad (2.18)$$

等式两端对任一子区域的厚度 x_i 求导，得

$$\frac{\partial(\boldsymbol{C}_{22} - \boldsymbol{C}_{21}\boldsymbol{C}_{11}^{-1}\boldsymbol{C}_{12})}{\partial x_i}\boldsymbol{E}_2 + (\boldsymbol{C}_{22} - \boldsymbol{C}_{21}\boldsymbol{C}_{11}^{-1}\boldsymbol{C}_{12})\frac{\partial\boldsymbol{E}_2}{\partial x_i} = \frac{\partial\boldsymbol{\Pi}_2}{\partial x_i} - \frac{\partial(\boldsymbol{C}_{21}\boldsymbol{C}_{11}^{-1}\boldsymbol{\Pi}_1)}{\partial x_i}$$

$$(2.19)$$

假定耦合系统只承受结构激励，即 $\partial\boldsymbol{\Pi}_2/\partial x_i = 0$，最终声腔子系统的模态能

量关于结构任意子区域厚度的灵敏度公式可以表示为

$$\frac{\partial \boldsymbol{E}_2}{\partial x_i} = (\boldsymbol{C}_{22} - \boldsymbol{C}_{21}\boldsymbol{C}_{11}^{-1}\boldsymbol{C}_{12})^{-1}\left\{ -\frac{\partial \boldsymbol{C}_{21}}{\partial x_i}\boldsymbol{C}_{11}^{-1}\boldsymbol{\Pi}_1 - \boldsymbol{C}_{21}\frac{\partial(\boldsymbol{C}_{11}^{-1})}{\partial x_i}\boldsymbol{\Pi}_1 - \right.$$

$$\left. \boldsymbol{C}_{21}\boldsymbol{C}_{11}^{-1}\frac{\partial \boldsymbol{\Pi}_1}{\partial x_i} - \left[\frac{\partial \boldsymbol{C}_{22}}{\partial x_i} - \frac{\partial \boldsymbol{C}_{21}}{\partial x_i}\boldsymbol{C}_{11}^{-1}\boldsymbol{C}_{12} - \boldsymbol{C}_{21}\frac{\partial(\boldsymbol{C}_{11}^{-1})}{\partial x_i}\boldsymbol{C}_{12} - \boldsymbol{C}_{21}\boldsymbol{C}_{11}^{-1}\frac{\partial \boldsymbol{C}_{12}}{\partial x_i}\right]\boldsymbol{E}_2\right\}$$

$$(2.20)$$

大括号内存在耦合系数子矩阵关于设计变量的导数，如 $\partial \boldsymbol{C}_{21}/\partial x_i$。耦合系数子矩阵的任意元素 $\boldsymbol{C}_{21}(m,n)$ 为模态耦合系数 β_{mn} 的函数，进一步地，模态耦合系数由两个子系统的角频率及模态振型等参数构成。因此对应的导数信息可以表示为（本章结构子系统及声腔子系统的阻尼考虑为常数阻尼，因此 η_m 和 η_n 关于设计变量的导数为 0）

$$\frac{\partial \boldsymbol{C}_{21}(m,n)}{\partial x_i} = \frac{\partial \boldsymbol{C}_{21}(m,n)}{\partial \beta_{mn}}\left(\frac{\partial \beta_{mn}}{\partial \omega_m}\frac{\partial \omega_m}{\partial x_i} + \frac{\partial \beta_{mn}}{\partial \omega_n}\frac{\partial \omega_n}{\partial x_i} + \frac{\partial \beta_{mn}}{\partial \boldsymbol{U}_m}\frac{\partial \boldsymbol{U}_m}{\partial x_i} + \frac{\partial \beta_{mn}}{\partial \boldsymbol{P}_n}\frac{\partial \boldsymbol{P}_n}{\partial x_i}\right)$$

$$(2.21)$$

这里 $m\in(1,M)$，$n\in(1,N)$。$\partial\beta_{mn}/\partial\omega_m$、$\partial\beta_{mn}/\partial\omega_n$、$\partial\beta_{mn}/\partial\boldsymbol{U}_m$ 以及 $\partial\beta_{mn}/\partial\boldsymbol{P}_n$ 可以得到解析的表达式，然而模态向量的导数则很难推导成解析的形式，尤其是在频带内存在较多高阶模态的情况下。更重要的是，随着结构厚度的改变，频带内的模态有可能移出频带，同时频带外的模态也有可能移入，所以解析的灵敏度很难实现。因此选用了有限差分法求解。耦合系统解耦后，声腔子系统的模态信息不受结构厚度影响，即 $\partial\omega_n/\partial x_i=0$，$\partial\boldsymbol{P}_n/\partial x_i=\boldsymbol{0}$，由此，式（2.21）转换成

$$\frac{\partial \boldsymbol{C}_{21}(m,n)}{\partial x_i} \approx \frac{\partial \boldsymbol{C}_{21}(m,n)}{\partial \beta_{mn}}\left(\frac{\partial \beta_{mn}}{\partial \omega_m}\frac{\Delta \omega_m}{\Delta x_i} + \frac{\partial \beta_{mn}}{\partial \boldsymbol{U}_m}\frac{\Delta \boldsymbol{U}_m}{\Delta x_i}\right)$$

$$(2.22)$$

中频甚至高频范围内，模态叠加程度相对较高，随着结构尺寸的改变，摄动后结构子系统角频率及模态的阶数可能与摄动前不同。同一个频带内结构模态的数量可能随着厚度的改变而发生变化，随之而来的 $\boldsymbol{E}_1$、$\boldsymbol{C}_{11}$、$\boldsymbol{C}_{12}$、$\boldsymbol{C}_{21}$、$\boldsymbol{\Pi}_1$ 的矩阵维度也可能会不同于摄动前，这就导致不能直接对式（2.22）中的矩阵 $\boldsymbol{C}_{21}$ 进行差分求解导数。另一方面，由于结构厚度的改变不会影响声腔子系统的构型，对应的声腔子系统的模态数量随结构尺寸摄动保持不变。因此这里考虑一种系数凝聚的手段将结构子系统耦合系数矩阵的维度凝聚到声腔子系统对应的矩阵维度当中，将式（2.19）转换为

$$\frac{\partial \boldsymbol{E}_2}{\partial x_i} = (\boldsymbol{C}_{22} - \boldsymbol{C}_{21}\boldsymbol{C}_{11}^{-1}\boldsymbol{C}_{12})^{-1}\left\{ -\frac{\partial(\boldsymbol{C}_{21}\boldsymbol{C}_{11}^{-1}\boldsymbol{\Pi}_1)}{\partial x_i} - \left[\frac{\partial \boldsymbol{C}_{22}}{\partial x_i} - \frac{\partial(\boldsymbol{C}_{21}\boldsymbol{C}_{11}^{-1}\boldsymbol{C}_{12})}{\partial x_i}\right]\boldsymbol{E}_2\right\}$$

$$(2.23)$$

差分操作仅针对 $\boldsymbol{C}_{21}\boldsymbol{C}_{11}^{-1}\boldsymbol{\Pi}_1$、$\boldsymbol{C}_{22}$ 以及 $\boldsymbol{C}_{21}\boldsymbol{C}_{11}^{-1}\boldsymbol{C}_{12}$ 三项进行，可以看出这三个结合项的维度均等于声腔子系统在所关心的频带内模态的数量，这样就可以对相关矩阵直接差分求解了，差分表示为

$$\frac{\partial \boldsymbol{E}_2}{\partial x_i} \approx (\boldsymbol{C}_{22} - \boldsymbol{C}_{21}\boldsymbol{C}_{11}^{-1}\boldsymbol{C}_{12})^{-1} \left\{ -\frac{\Delta(\boldsymbol{C}_{21}\boldsymbol{C}_{11}^{-1}\boldsymbol{\Pi}_1)}{\Delta x_i} - \left[\frac{\Delta \boldsymbol{C}_{22}}{\Delta x_i} - \frac{\Delta(\boldsymbol{C}_{21}\boldsymbol{C}_{11}^{-1}\boldsymbol{C}_{12})}{\Delta x_i} \right] \boldsymbol{E}_2 \right\}$$

$$(2.24)$$

本章采用向前差分，具体格式为

$$\begin{cases} \dfrac{\Delta(\boldsymbol{C}_{21}\boldsymbol{C}_{11}^{-1}\boldsymbol{\Pi}_1)}{\Delta x_i} = \dfrac{\boldsymbol{C}_{21}(x_i')\boldsymbol{C}_{11}^{-1}(x_i')\boldsymbol{\Pi}_1(x_i') - \boldsymbol{C}_{21}(x_i)\boldsymbol{C}_{11}^{-1}(x_i)\boldsymbol{\Pi}_1(x_i)}{x_i' - x_i} \\[2mm] \dfrac{\Delta \boldsymbol{C}_{22}}{\Delta x_i} = \dfrac{\boldsymbol{C}_{22}(x_i') - \boldsymbol{C}_{22}(x_i)}{x_i' - x_i} \\[2mm] \dfrac{\Delta(\boldsymbol{C}_{21}\boldsymbol{C}_{11}^{-1}\boldsymbol{C}_{12})}{\Delta x_i} = \dfrac{\boldsymbol{C}_{21}(x_i')\boldsymbol{C}_{11}^{-1}(x_i')\boldsymbol{C}_{12}(x_i') - \boldsymbol{C}_{21}(x_i)\boldsymbol{C}_{11}^{-1}(x_i)\boldsymbol{C}_{12}(x_i)}{x_i' - x_i} \end{cases}$$

$$(2.25)$$

式中　x_i——摄动前结构尺寸变量值；

　　　x_i'——摄动后结构尺寸变量值。

采用式（2.24）的形式可以避免差分摄动引起的耦合系数矩阵维度不一致的问题，如果直接采用式（2.20）计算，$\boldsymbol{C}_{21}$、$\boldsymbol{C}_{12}$ 以及 $\boldsymbol{\Pi}_1$ 的维度均有可能随着 x_i 的摄动而改变。需要说明的是，对比式（2.24）和式（2.18）可以发现，模态能量分析和灵敏度分析都用到了 $(\boldsymbol{C}_{22} - \boldsymbol{C}_{21}\boldsymbol{C}_{11}^{-1}\boldsymbol{C}_{12})^{-1}$，因此灵敏度分析只需要把目标函数计算时保存在内存空间里的计算结果直接调出来即可，这样可节省计算量。最后将 $\partial \boldsymbol{E}_2/\partial x_i$ 的每个元素求和即可得到声腔子系统总能量关于结构子系统尺寸变量的灵敏度 $\partial E_{\mathrm{aco}}/\partial x_i$。约束函数的灵敏度 $[\partial W(\boldsymbol{x})/\partial x_i]$ 较易求得，只需要明确结构的几何构型与子区域的厚度关系即可。

以上灵敏度的推导过程结合了解析法与有限差分法，其中声腔子系统总能量关于耦合系数矩阵的导数以解析形式推导，耦合系数矩阵的导数通过有限差分法取得，这种灵敏度分析方法被称为半解析法（SAM）。虽然说有限差分法相对于解析法而言计算效率较低，但是其相对全局差分法（OFD）而言依然可以节省一定的计算量。以下对两种灵敏度分析方法（半解析法和全局差分法）的计算效率进行比较。

从式（2.18）可直接得出声腔子系统模态能量的表达式

$$\boldsymbol{E}_2 = (\boldsymbol{C}_{22} - \boldsymbol{C}_{21}\boldsymbol{C}_{11}^{-1}\boldsymbol{C}_{12})^{-1}(-\boldsymbol{C}_{21}\boldsymbol{C}_{11}^{-1}\boldsymbol{\Pi}_1) \qquad (2.26)$$

直接进行全局差分，得

$$\frac{\Delta \boldsymbol{E}_2}{\Delta x_i} = \frac{\boldsymbol{E}_2(x_i') - \boldsymbol{E}_2(x_i)}{x_i' - x_i} \qquad (2.27)$$

使用全局差分法，$(C_{22}-C_{21}C_{11}^{-1}C_{12})^{-1}$一项需要被计算两次，然而矩阵的求逆运算较矩阵相乘来说会占用更多的内存空间，尤其进入中高频阶段，频带内会出现很大数量的声腔子系统模态，此系数矩阵的维度会显著升高。如果采用半解析法，只需要计算一次$(C_{22}-C_{21}C_{11}^{-1}C_{12})^{-1}$，相比全局差分法可以节省一定的计算量。

2.3.3 优化流程

第一步，根据优化问题的实际情况给出结构子系统各子区域的初始厚度及对应的上下限。第二步，利用有限元法计算出解耦后各个子系统的模态信息，包括角频率及模态振型，以建立统计模态能量分布分析模型。第三步，依据式（2.26）计算声腔子系统的总能量，其中$(C_{22}-C_{21}C_{11}^{-1}C_{12})^{-1}$一项被保存在内存空间里用于灵敏度分析，同时将结构子系统的总质量送入优化模型。第四步，根据推导的半解析灵敏度公式计算声腔子系统总能量关于结构尺寸变量的灵敏度。第五步，将目标函数及对应的灵敏度信息输入 MMA 求解器求解当前迭代的优化子问题，并且输出新的设计变量。第六步，将设计变量结果重新输入第二步，直至目标函数及设计变量均收敛至相对稳定的数值，满足收敛条件，完成优化。具体的优化设计流程如图2.2所示。

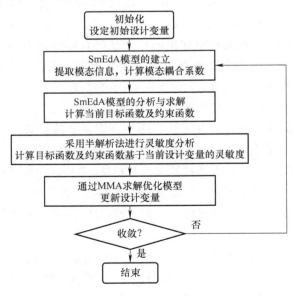

图2.2 优化设计流程图

这里需要补充说明的是：由于采用基于梯度的数学规划方法，加之这里研究的声振耦合系统的数值模型具有较强的非线性,并且优化问题也不是严格的凸规划问题,因此这里得出的优化解可能为局部最优解。然而这些局部最优解在声振耦合系统的概念设计阶段依然具有重大的指导意义。

2.4　数值计算实例

为了验证优化程序的有效性,本章给出了两个数值计算实例。第一个实例为薄板与立方体声腔的耦合,通过与全局差分法计算结果的比较,验证了半解析灵敏度分析公式的准确性,并且显示了半解析法相对全局差分法在计算效率上的优势。第二个案例为某飞行器整流罩与其内部声腔的耦合,内部声腔子系统能量的降低充分说明了本章提出的优化程序可以应用到实际工程领域。本章分析实例的有限元模型均在商用软件 COMSOL 中建立,并完成模态分析,得到的子系统模态信息被提取并保存为 txt 文件,然后将对应的数据文件导入 MAT-LAB,统计模态能量分布分析及目标函数的计算和灵敏度分析均通过自编的MATLAB 代码来实现,再集成 MMA 优化算法完成优化求解。

2.4.1　薄板与立方体声腔的耦合

图 2.3 描述了激励 F 作用下一个四边简支的薄板与立方体声腔的耦合及网格划分。声腔内充满空气,除耦合面以外,声腔的其他五个面均假定为声场刚性边界。图中 L_x、L_y、L_z 表示耦合系统三个维度的尺寸,声腔内空气的密度、声速以及阻尼损耗因子分别为 $1.29\mathrm{kg/m^3}$、$340\mathrm{m/s}$ 以及 0.01,板的杨氏模量、密度、泊松比以及阻尼损耗因子分别为 $2\times10^{11}\mathrm{Pa}$、$7800\mathrm{kg/m^3}$、$0.3$ 以及 0.01。薄板被划分为 12 个子区域,每个子区域具有相同的面积,板的初始厚度为5mm。外加点激励的频谱为白噪声,作用在第 8 号子区域上 $(0,0.5,0.3)$。有限元模型中,薄板采用 1200 个壳单元模拟,声腔采用 60000 三维实体单元模拟。网格划分满足每个波长至少 6 个线性单元的要求。

为了验证半解析灵敏度公式的精度,分别计算了声腔子系统的总能量关于12 个子区域初始厚度的灵敏度,其中半解析法以及全局差分法的尺寸摄动范围均设定为初始厚度的 10%,研究的频率范围包含 1000Hz、1250Hz 和 1600Hz 1/3 倍频程 $(891\sim1122\mathrm{Hz}$、$1122\sim1413\mathrm{Hz}$、$1413\sim1778\mathrm{Hz})$。图 2.4 给出了三个频带内两种方法计算得出的灵敏度结果,横轴表示子区域的序号,红色实线代表半解析法得到的灵敏度结果,黑色点线表示全局差分法得到的结果(彩色图见书后插页)。显然,如果灵敏度为正数,增加此区域的厚度可以提升声腔子系统的总能量；如果灵敏度为负数，增加此区域的厚度则会降低对应的声腔子系统总能量。如图 2.4 所示，8 号子区域的灵敏度在三个频带内均为最低值，其中 1000Hz 和 1600Hz 1/3 倍频程内为负值，因此 8 号子区域的厚度升高对声腔子系统总能量的降低贡献最大，1250Hz 1/3 倍频程内为正的最小值，说明 8 号子区域的厚度升高使声腔子系统总能量增加得最少。另外，半解析法与全局差分法的结果基本一致，验证了半解析灵敏度公式的正确性。

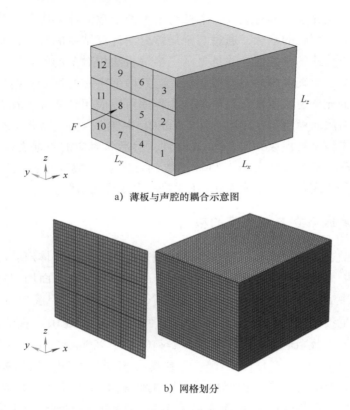

a) 薄板与声腔的耦合示意图

b) 网格划分

图 2.3　薄板与声腔的耦合示意图以及网格划分

　　图 2.4 中的灵敏度单位为 10^{-5}J/mm，然而同一频带内模态能量的数量级差别较大，因此后文中模态能量以及子系统总能量的单位均转换为分贝，具体关系为

$$E(\text{dB}) = 10\lg\frac{E(\text{J})}{E_{\text{ref}}} \qquad (2.28)$$

式中　E_{ref}——转换为分贝单位的参考值，这里取 $E_{\text{ref}} = 1 \times 10^{-12}$J。

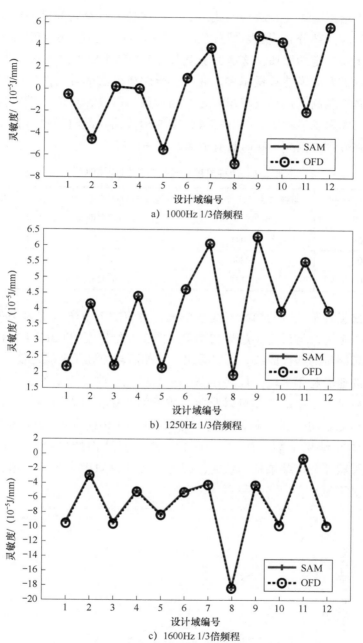

a）1000Hz 1/3 倍频程

b）1250Hz 1/3 倍频程

c）1600Hz 1/3 倍频程

图 2.4　三个频带内两种方法得到的灵敏度结果

注：彩色图见书后插页。

表 2.1 给出了式（2.24）及式（2.27）具体的计算时间（不包含生成耦合模态矩阵的时间部分）。从表中可以看出，无论哪种方法，随着频率的提高，计算时间均出现一定的增加，这是由于模态密度与频率成正比关系，即频率越高，单位频带内拥有的模态数量越多。此外，半解析方法的计算时间明显少于全局差分法，频率越高，这种效应越明显，因为频率越高，单位频带内拥有的模态数量越多，需要求逆的矩阵维数越大，求逆运算消耗的时间也就越多，这说明半解析法在处理中高频问题时具有更大的效率优势。

表 2.1　两种灵敏度分析方法的计算时间

频带/Hz（1/3 倍频程）	半解析法 [式（2.24）] 所用时间/s	全局差分法 [式（2.27）] 所用时间/s	节省的时间比例（%）
1000	0.0041	0.0051	19.6
1250	0.0086	0.0110	21.8
1600	0.0171	0.0266	35.7

设定薄板各子区域的初始厚度为 5mm，对应的上下限分别为 4mm 及 8mm，约束条件拟定为结构质量不超过初始值。图 2.5 给出了 1000Hz 1/3 倍频程内声腔子系统总能量的迭代曲线。可以看出，初始阶段声腔子系统总能量下降较快，随后下降的速率趋于平缓，最终在第 113 次迭代处收敛至最小值。表 2.2 给出了优化前后声腔子系统总能量以及薄板质量的变化，可以看出三个频带内的声腔子系统总能量均得到了显著降低。优化前后 1000Hz 和 1600Hz 1/3 倍频程结构质量基本在约束上限，而 1250Hz 1/3 倍频程结构的材料略有剩余，这和图 2.4 的灵敏度分析结果是一致的，因为前者的灵敏度大多为负值，而后者的灵敏度却是正值。

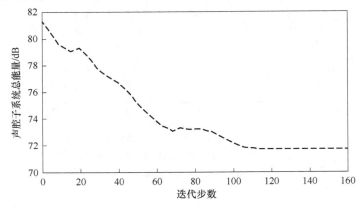

图 2.5　1000Hz 1/3 倍频程内声腔子系统总能量的迭代曲线

表 2.2　优化前后声腔子系统总能量以及薄板质量的变化

频带/Hz（1/3 倍频程）	初始能量/dB	优化后能量/dB	初始质量/kg	优化后质量/kg
1000	81.17	71.99	18.72	18.72
1250	78.00	67.72	18.72	17.99
1600	84.21	68.64	18.72	18.67

优化前后薄板各个子区域的厚度见表 2.3。1000Hz 1/3 倍频程内，8 号子区域的厚度于优化后达到上限，4、10、12 号子区域的厚度下降到下限。同样，1250Hz 以及 1600Hz 1/3 倍频程内 8 号子区域的厚度也到达最高点，并且厚度升高的子区域均集中于加载区域附近。这说明一定材料用量的条件下，要想得到良好的降噪效果需将材料尽可能地用在加载区域附近。此外，随着频率的升高，不同频带内声腔与结构的耦合强弱有所不同，进而表现出不同的局部振动响应，对应的优化尺寸可以有效地抑制所关心频带内的声腔子系统总能量。这里需要强调的是，随着各子区域厚度的变化，薄板整体的质量和刚度分布不再均匀，即结构子系统成为非均匀子系统，正是由于统计模态能量分布分析模型摒弃了模态能量均等化假设，可以解决非均匀子系统的声振耦合问题，因此基于统计模态能量分布分析模型的中频优化是基于统计能量分析的高频优化所无法替代的。

表 2.3　优化前后薄板各个子区域的厚度

子区域编号	初始厚度/mm	优化后的厚度/mm		
		1000Hz 1/3 倍频程	1250Hz 1/3 倍频程	1600Hz 1/3 倍频程
1	5.00	4.66	4.00	4.68
2	5.00	4.24	5.67	4.21
3	5.00	4.74	4.00	4.70
4	5.00	4.00	4.00	4.00
5	5.00	4.95	8.00	5.46
6	5.00	4.19	4.00	4.00
7	5.00	6.97	4.00	4.51
8	5.00	8.00	8.00	8.00
9	5.00	6.01	4.00	4.50
10	5.00	4.00	4.00	5.62
11	5.00	4.24	4.00	4.58
12	5.00	4.00	4.00	5.60

图 2.6 显示了三个频带内声腔子系统的模态能量分布，每个频带内的模态数量分别为 49，88 以及 168。优化前各个频带内的能量分布很不均匀，如 1000Hz 1/3 倍频程内，第 1、9、11、16、23、35、43、44、47、48、49 阶模态能量均低于 0，最低值可达到 -156.37 dB，实际工程中甚至可以忽略。而初始阶段第 12 阶声腔子系统模态的能量最高，达到了 77.13dB。优化后，模态能量分布呈现出均匀化的趋势，具体的分布水平为 6.11 ~ 69.89dB。除此之外，并不是每一阶声腔子系统模态能量在优化后均得到降低，部分模态能量在优化后

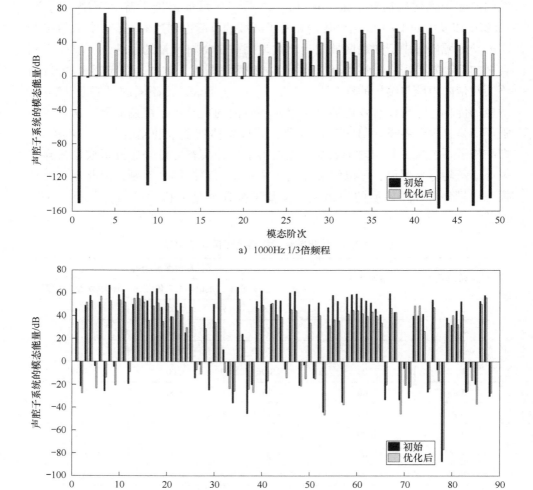

a) 1000Hz 1/3 倍频程

b) 1250Hz 1/3 倍频程

图 2.6　三个频带内声腔子系统的模态能量分布

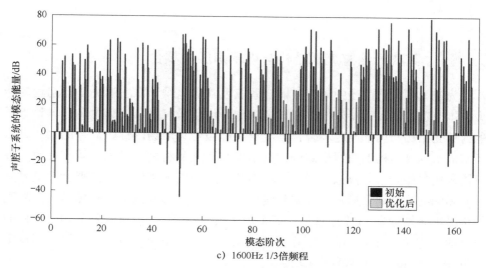

c) 1600Hz 1/3倍频程

图 2.6　三个频带内声腔子系统的模态能量分布（续）

甚至高于初始值，如 1000Hz 1/3 倍频程内的前三阶模态能量均从负值上升到了正值。但是只要将初始阶段具有较高数量级的模态能量降低即可对声腔子系统总能量的降低产生较大贡献。

　　表 2.4 以 1000Hz 1/3 倍频程的首次迭代为例，介绍了优化流程中每个步骤的计算时间，其中具体步骤的划分对应于图 2.2 所示的优化流程。不难看出最耗时的部分属于有限元提取子系统模态信息阶段。由于每次迭代只改变结构子系统的有限元模型，声腔子系统的模态信息只需要在初始阶段提取即可。每次迭代过程需要提取 12 次结构模态信息，对应于灵敏度分析中差分法的 12 次摄动，占用了每次迭代的较大部分时间。除了声腔子系统模态信息的计算，每次迭代大约需要 5 ~ 6min。

表 2.4　首次迭代各部分操作的时间消耗

计 算 阶 段	研 究 手 段	操 作	时 间
SmEdA 分析	有限元软件	计算声腔子系统模态信息（优化之前）	6min 3s
		计算结构模态信息	24.70s
	MATLAB 代码	计算耦合系数矩阵、模态注入功以及声腔子系统的总能量	0.97s
灵敏度分析	有限元软件	依次提取 12 个子区域厚度摄动后的结构模态信息	4min 41s
	MATLAB 代码	依次计算 12 个设计变量摄动后的耦合系数矩阵，模态注入功，进而求解灵敏度	9.69s
优化	MMA 求解器	将目标函数以及灵敏度信息输入 MMA 求解器，得到新的设计变量	0.0539s

2.4.2　某飞行器整流罩结构与内部声腔的耦合

为进一步检验前述中频声振耦合系统尺寸优化设计方法解决工程问题的能力，本节选取某飞行器外部整流罩结构作为优化研究对象。其中飞行器整流罩的薄壁壳结构与内部声腔耦合，整流罩底部假定为声场刚性边界。图 2.7 显示了整流罩的基本构型及网格划分，其结构与声腔的材料参数同 2.4.1 一致。整流罩采用二维壳单元模拟，壳单元与内部声腔的三维实体单元在耦合面交界处具有相同的网格划分形式。选取整流罩内部声腔的总能量作为目标函数，将壳结构沿轴向划分为 15 个子区域，每个子区域的厚度作为设计变量，初始结构的质量即为质量约束的上限。15 个子区域的初始厚度均为 7mm，上下限分别设定为 10mm 及 5mm，考虑两种工况。

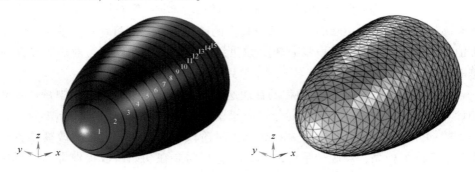

图 2.7　飞行器整流罩的基本构型及网格划分

第一种工况假定 15 个子区域同时承受 2000Hz 倍频程（1420～2840Hz）的雨点（rain-on-the-roof）激励，根据整流罩实际的网格划分情况，其中 969 个不相关的随机点激励作用在 15 个子区域上，每个点激励的幅值为 10N。飞行器在加速上升或承受强烈的气流载荷时，其顶端承受的载荷最大，因此第二种工况考虑幅度为 100N 的雨点载荷只作用于 1 号子区域上，其中包含 47 个非相关的随机点激励，激励频率为 2000Hz 倍频程。

图 2.8 描绘了第一种工况下整流罩内部声腔总能量的迭代过程，总能量在前 25 步迅速降低，随后趋于平稳下降，最终于 141 次迭代步收敛至最低点。初始的声腔子系统总能量及结构总质量分别为 110.68dB 和 18.97kg，优化后声腔子系统总能量降至 107.94dB，结构质量几乎保持不变。从迭代过程的平稳性不难看出本章的中频声振耦合系统尺寸优化方法可以应用于具有复杂构型的结构，并且可以得到较为满意的降噪效果。

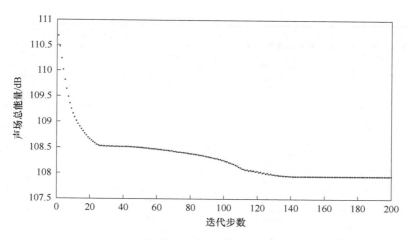

图 2.8　第一种工况下整流罩内部声腔总能量的迭代过程

表 2.5 列出了整流罩 15 个子区域的厚度分布，从表中可以观察到 1、2、12 号子区域的厚度优化后降至最低，而 7 号子区域的厚度增加至上限，这样的尺寸结果与曲壳结构的振动形式有关，这一点可以通过其振动模态来解释。图 2.9 给出了激励频带内三个典型的模态振型：频带内 1965.5Hz 的结构子系统模态在 9、10 号子区域出现节线（模态振幅为 0），而在 7、11 和 13 号子区域则振动明显；2050.1Hz 结构子系统模态在 12 号子区域出现节线；2078.8Hz 结构子系统模态在 7 号子区域附近振动明显，在 9、12 号子区域附近振动幅度很小。另外，以上三个频率的结构子系统模态在 1、2 子区域的振动幅度均较低，甚至接近于 0。因此可以看出，同等材料用量并且激励基本均匀作用于整个结构外表面的情况下，结构振动幅度较大的位置"吸引"更多的材料，而结构振动很小的位置可以适当减少材料用量。图 2.10 显示了第一种工况作用下优化前后声腔子系统的模态能量分布。依然可以看出降低初始阶段具有较高数量级的模态能量对声腔子系统的总能量的降低具有重要贡献。优化前第 10、11 阶声腔子系统模态具有最高的能量，分别为 106.86dB 和 105.33dB，优化后对应的能量分别降至 101.40dB 和 99.95dB。

表 2.5　两种工况下结构各子区域的厚度分布

编　　号	初始厚度/mm	优化后厚度/mm	
		第一种工况	第二种工况
1	7.00	5.00	8.75
2	7.00	5.00	8.35
3	7.00	7.83	8.10

（续）

编　　号	初始厚度/mm	优化后厚度/mm	
		第一种工况	第二种工况
4	7.00	6.69	7.68
5	7.00	6.22	7.56
6	7.00	5.97	7.71
7	7.00	10.00	8.00
8	7.00	7.44	7.55
9	7.00	5.55	6.04
10	7.00	5.60	5.00
11	7.00	8.84	5.00
12	7.00	5.06	5.91
13	7.00	8.34	7.92
14	7.00	7.71	7.97
15	7.00	7.80	5.95

a）1965.5Hz

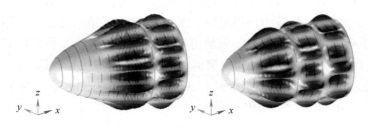

b）2050.1Hz　　　　　　　　　　c）2078.8Hz

图 2.9　三个典型的结构子系统模态振型

　　第二种工况下，目标函数经过 41 次迭代从 104.74dB 降至 102.95dB，并且结构质量保持不变。图 2.11 显示了第二种工况下声腔子系统模态能量分布，最高的模态能量为第 3、4 阶，而在第一种工况中为第 10、11 阶。由于载荷的局部效应, 无论初始阶段还是优化后, 模态能量的分布较第一种工况表现出了进一步的非均匀性, 最高值达到 78dB, 最低值仅有 5dB。第二种工况下结构子系统最终的优化尺寸见表 2.5。可以看出, 由于 1 号子区域承受较强的载荷, "吸引" 了较多的结构材料, 前 6 个子区域的厚度均高于第一种工况的优化结果。除 1、2、3 号子区域外, 7 号子区域的厚度依然保持最大。由于大部分材料被用于前 3 个子区域, 7~15 号子区域的优化尺寸较第一种工况而言相对下降, 因此载荷的作用区域对优化结果具有明显的影响, 工程设计中同等材料用量的情况下, 应该适当地将较多的材料置于加载区域。总之, 载荷作用域以及结构本身的振动模式共同影响结构的最优尺寸分布。

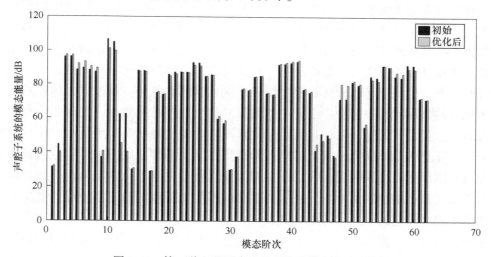

图 2.10   第一种工况下声腔子系统的模态能量分布

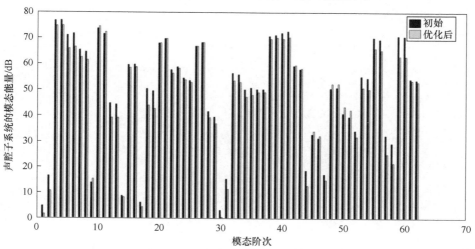

图 2.11   第二种工况下声腔子系统的模态能量分布

2.5　本章小结

本章主要阐述了统计模态能量分布分析理论并且给出了中频声振耦合系统的尺寸优化设计流程。首先依据统计模态能量分布分析模型的基本理论，建立了模态能量传递的平衡方程。优化模型选取了内部声腔在所关心频带内的时间平均总能量作为目标函数，以包围内部声腔的结构壁板厚度作为设计变量，以结构质量为约束函数。采用了基于梯度的移动渐近线方法对优化模型进行求解。重点推导了声腔子系统总能量关于结构子区域厚度变量的半解析灵敏度公式，提出了一种系数凝聚的手段，有效地避免了由于尺寸摄动而导致的模态耦合系数矩阵差分前后维度不一致的问题，并且对比了半解析公式与全局差分公式的计算效率，说明了半解析法处理中频尺寸优化问题的优势。通过立方体声腔与板耦合的数值计算实例初步论证了中频尺寸优化程序的有效性，验证了半解析灵敏度分析公式的准确性，并且通过计算时间的对比说明了半解析法较全局差分法所体现的效率优势。优化结果显示结构在承受局部激励的时候，应将较多的材料用于受载位置附近。第二个实例为某飞行器整流罩结构与内部声腔的耦合，在质量不增加的条件下，通过调整结构不同子区域的曲壳厚度以达到降低内部声腔总能量的目的，优化效果显著，进一步说明了本章所提出的优化设计流程可应用于工程问题。优化结果显示最优尺寸的分布与结构的振动形式有关，同等材料用量的情况下，结构振动幅度较大的位置"吸引"更多的材料。

第 **3** 章

基于复数变量法的中频声振耦合系统灵敏度分析及优化

3.1 引言

对于基于梯度的优化算法来说，灵敏度分析的精度对优化结果的准确性以及收敛的稳定性起着至关重要的作用。研究具有更高精度的灵敏度分析技术一直是优化领域的热点问题。本书第 2 章建立了以声腔子系统总能量最小化为目标函数的中频声振优化模型，重点推导了声腔子系统总能量关于结构尺寸变量的半解析灵敏度公式。

半解析灵敏度分析法是解析法与有限差分法的一种结合方法。有限差分法的使用面临着一个不可回避的问题，就是摄动步长的选取。一方面希望将摄动步长取得尽可能小以减少截断误差；另一方面又要考虑由于摄动步长过小，因计算软件输出固定有效数字而使函数值存在舍入误差，使摄动前后函数值变化不大，再进行差分相减运算，可能会使相减后的结果出现 0 值，最终导致灵敏度求解失效（这种由相减运算和数值舍入共同引起的误差被称为相减消去误差）。因此寻求一种对摄动步长不敏感的数值微分方法来替代传统的有限差分法是优化界一个急需解决的问题。

复数变量法（complex variable method，CVM）避免了摄动前后差分相减的操作，可以有效地减少相减消去误差，进而降低函数导数对摄动步长的敏感性。本章用复数变量法计算结构子系统模态信息对设计变量的灵敏度，并且与半解析法结合形成一种改进的中频声振耦合系统灵敏度分析技术，称为改进半解析法。其中声腔子系统模态能量关于结构子系统模态信息的导数以解析形式呈现，而结构子系统模态信息关于尺寸厚度的导数则采用复数变量法近似求解。通过与传统的半解析法和全局差分法对比，充分说明了改进半解析灵敏度分析技术的精度及稳定性。由于灵敏度精度的提升，新的优化程序可以解决更加复杂的多级声振耦合系统优化问题，本章最后研究了声振领域内具有代表性的声传递优化案例，收到了良好的降噪效果。

3.2 基于复数变量法的中频声振耦合系统的改进灵敏度分析

本节以单个结构子系统与单个内部声腔子系统的耦合为例，采用复数变量法，详细给出中频声振耦合系统灵敏度分析的改进半解析法。其中优化模型见第 2 章的式（2.15），即以声腔子系统总能量为目标函数，通过结构尺寸的优化使声腔子系统总能量降至最低。

3.2.1 复数变量法

复数变量法最初被应用于空气动力学领域内复杂函数的一阶导数近似。Wang 以及 Apte[63]首次将复数变量法应用于特征值及特征向量问题的灵敏度求解。Jin[64]等人将复数变量法用来处理有限元矩阵的灵敏度近似问题，通过数值计算实例说明了复数变量法可以有效抑制由差分摄动引起的相减消去误差。复数变量法的基本理论来源于泰勒级数展开公式，将一个任意实函数 $f(x)$ 在虚部作微小摄动 Δx 可以得到

$$f(x + \mathrm{j}\Delta x) = f(x) + \mathrm{j}\Delta x f'(x) - \frac{\Delta x^2 f''(x)}{2!} - \frac{\mathrm{j}\Delta x^3 f'''(x)}{3!} + \cdots \quad (3.1)$$

分别整合等号两边的实部和虚部，并且忽略二阶以上的摄动项可以得到原函数一阶导数的表达式

$$f'(x) = \frac{\mathrm{Im}[f(x + \mathrm{j}\Delta x)]}{\Delta x} + O(\Delta x^2) \quad (3.2)$$

对于传统的有限差分法而言，如果将摄动步长取得过小，差分前后的函数值可能接近相等，由于计算机的舍入误差，最终的导数信息可能出现 0。从式（3.2）中可以看出复数变量法没有涉及差分前后函数相减的运算，因而可以将摄动步长取得很小[65]。

3.2.2 模态信息的灵敏度

正如 2.3.2 节关于式（2.20）的阐述，如果有限差分法的步长取得过大，不但会出现大的计算误差，而且可能引起摄动后模态耦合系数矩阵的维度发生变化，如果步长取得过小，又有可能出现相减消去误差，因此直接通过有限差分

法计算式（2.20）可能会遇到数值困难。然而复数变量法的引入可以满足在较小的步长范围内依然得到稳定的微分结果，因此可以采用复数变量法计算模态耦合系数的导数，如式（3.3）和式（3.4）所示，并将其结果输入式（2.20）中计算声腔子系统模态能量关于设计变量的导数。

$$\frac{\partial C_{21}(m,n)}{\partial x_i} \approx \frac{\partial C_{21}(m,n)}{\partial \boldsymbol{\beta}_{mn}} \left(\frac{\partial \boldsymbol{\beta}_{mn}}{\partial \omega_m} \frac{\Delta \omega_m}{\Delta x_i} + \frac{\partial \boldsymbol{\beta}_{mn}}{\partial \boldsymbol{U}_m} \frac{\Delta \boldsymbol{U}_m}{\Delta x_i} \right) \tag{3.3}$$

$$\frac{\Delta \omega_m}{\Delta x_i} = \frac{\mathrm{Im}\left[\omega_m(x_i + \mathrm{j}\Delta x_i) \right]}{\Delta x_i}, \frac{\Delta \boldsymbol{U}_m}{\Delta x_i} = \frac{\mathrm{Im}\left[\boldsymbol{U}_m(x_i + \mathrm{j}\Delta x_i) \right]}{\Delta x_i} \tag{3.4}$$

除了耦合系数矩阵，模态能量还与结构子系统的模态注入功有关，具体表达式为

$$\boldsymbol{\Pi}_{1_m} = \frac{\pi S_{\mathrm{FF}}}{4M_m} \left[U_m(\varepsilon) \right]^2 \tag{3.5}$$

对应的灵敏度与激励点处模态振型的导数相关

$$\frac{\partial \boldsymbol{\Pi}_{1_m}}{\partial x_i} = \frac{\pi S_{\mathrm{FF}}}{2M_m} U_m(\varepsilon) \frac{\partial U_m(\varepsilon)}{\partial x_i} \approx \frac{\pi S_{\mathrm{FF}}}{2M_m} U_m(\varepsilon) \frac{\Delta U_m(\varepsilon)}{\Delta x_i} \tag{3.6}$$

将模态信息的导数代入式（2.20），可以得到声腔子系统模态能量的灵敏度$\partial \boldsymbol{E}_2/\partial x_i$，将各阶模态能量灵敏度求和，最终得到声腔子系统总能量的灵敏度$\partial E_{\mathrm{aco}}/\partial x_i$。

以上灵敏度推导过程结合了解析法与复数变量法，其中模态能量关于子系统模态耦合系数矩阵的导数以解析形式表达，耦合系数矩阵关于设计变量的导数采用复数变量法近似得出，这种混合的灵敏度技术在本书中被称为改进的半解析法。

3.3　改进的半解析法在声传递优化中的应用

3.3.1　声传递问题的能量平衡方程

声传递问题是声振耦合系统的一个重要研究领域，这一类科学问题是指入射声波透过中间结构向另一个区域传播的情况，中间结构起到隔声作用。研究中频声传递问题，并且通过结构优化提升结构的隔声能力具有重要意义。前人对于声传递优化问题的研究基本采用有限元分析的手段，力图通过优化隔声结构的材料属性、布局形式以及几何形状将透过的声波强度衰减至最低。Maxit[20]基于统计模态能量分布分析模型，从模态能量传递的角度分析了中频声传递问

题的特点，以薄板隔离的两个封闭声腔为研究对象，建立了三个子系统之间的模态能量平衡方程。通过与传统方法对比发现，中频声传递问题应该考虑结构的非共振模态影响。所谓非共振模态是指激励频带以外的模态，包括低频非共振模态和高频非共振模态。根据 Maxit[20] 的研究结论：当所关心的频率低于系统临界频率（能够使薄板结构的弯曲波长与空气中声波的波长恰好相等的频率点称为临界频率）时，或者结构的质量以及刚度分布为非均匀状态时，需将结构子系统的低频非共振模态考虑到能量平衡关系中。也就是说，出现以上两种情形时，不只有共振模态参与能量传递，结构子系统的低频非共振模态与其他两个声腔子系统的共振模态之间也会产生能量交换，共同影响声腔子系统总能量由激励声腔向接收声腔传递。式（3.7）即为声腔/板/声腔耦合的模态能量平衡方程。

$$\Pi_l^{\text{inj}} = \Pi_l^{\text{diss}} + \sum_{m=1}^{M} \Pi_{lm} + \sum_{n=1}^{N} \Pi_{ln}, \ \forall l \in (1,L), \ \forall m \in (1,M), \ \forall n \in (1,N), \quad (3.7)$$

式中 l、m 和 n——激励声腔、隔板和接收声腔的模态编号；

$\quad\quad$ L、M 和 N——所关心频带内三个子系统各自的共振模态数量；

$\quad\quad$ Π_l^{inj} 和 Π_l^{diss}——由声源激励引起的模态注入功和由激励声腔自身阻尼引起的模态损耗能量；

$\quad\quad\quad\quad$ Π_{lm}——激励声腔的第 l 阶模态向中间结构的第 m 阶模态传递的时间平均能量；

$\quad\quad\quad\quad$ Π_{ln}——激励声腔第 l 阶模态向接收声腔第 n 阶模态传递的时间平均能量。

这里必须说明的是，激励声腔虽不与接收声腔直接相连，但通过结构非共振模态的影响依然存在着耦合关系，具体的模态耦合系数可以表示为

$$\beta_{ln} = \left(\sum_{m=1}^{NR} W_{lm} W_{mn} \right)^2 \left[\frac{\omega_l \eta_l + \omega_n \eta_n}{(\omega_l^2 - \omega_n^2)^2 + (\omega_l \eta_l + \omega_n \eta_n)(\omega_l \eta_l \omega_n^2 + \omega_n \eta_n \omega_l^2)} \right] \quad (3.8)$$

式中 NR——结构子系统的低频非共振模态的数量；

$\quad\quad$ W_{lm}——激励声腔第 l 阶模态与隔板第 m 阶模态之间的耦合功；

$\quad\quad$ W_{mn}——隔板第 m 阶模态与接收声腔第 n 阶模态之间的耦合功；

$\quad\quad$ ω_l——激励声腔的 l 阶角频率；

$\quad\quad$ ω_n——接收声腔的 n 阶角频率；

$\quad\quad$ η_l——激励声腔的 m 阶模态阻尼损耗因子；

$\quad\quad$ η_n——接收声腔的 n 阶模态阻尼损耗因子。

可以看到，激励声腔与接收声腔虽然没有直接相连，但依然存在模态耦合

关系，这是通过结构子系统的非共振模态向两个声腔子系统模态进行凝聚而得到的。数学上，凝聚后的模态耦合方程包含了激励声腔与接收声腔的直接联系，根据振子能量平衡原理可以进一步得出两声腔子系统的模态能量耦合关系，关于非共振模态能量传递的理论推导请见 Stelzer[60] 等人的研究结论。

最终将三个子系统的模态能量平衡方程组合为一个整体矩阵，可以得到

$$\{C\}\{E\} = \{\Pi\} \tag{3.9}$$

进一步，子系统之间的耦合关系为

$$\{C\} = \begin{Bmatrix} C_{11} & C_{12} & C_{13} \\ C_{21} & C_{22} & C_{23} \\ C_{31} & C_{32} & C_{33} \end{Bmatrix}, \{E\} = \begin{Bmatrix} E_1 \\ E_2 \\ E_3 \end{Bmatrix}, \{\Pi\} = \begin{Bmatrix} \Pi_1 \\ \Pi_2 \\ \Pi_3 \end{Bmatrix} \tag{3.10}$$

其中附有声源激励的声腔被指定为编号 1，中间结构以及接收声腔的子系统被分别指定为编号 2、3。

3.3.2　声传递优化问题的灵敏度分析

通过调整中间结构的隔声特性，尽量使接收声腔的总能量降至最低，因此目标函数设定为接收声腔的总能量，设计变量为中间结构各个子区域的厚度，优化模型的表达式依然采用式（2.15）。接下来着重推导优化模型中目标函数关于设计变量的灵敏度。因为激励源位于 1 号声腔，所以式（3.10）中其他两个子系统的模态激励项自动为 0，即 $\Pi_2 = \Pi_3 = 0$。式（3.9）两端对 2 号子系统（薄板）的尺寸厚度 x_i 求导，得到三个子系统的所有模态向量关于设计变量的导数，即

$$\frac{\partial E}{\partial x_i} = C^{-1} \left(\frac{\partial \Pi}{\partial x_i} - \frac{\partial C}{\partial x_i} E \right) \tag{3.11}$$

提取 $\partial E / \partial x_i$ 向量中的后 N 个元素即可得到接收声腔子系统的模态能量的灵敏度。

式（3.11）涉及模态耦合矩阵关于结构尺寸变量的灵敏度，对应的求解依然分为两个步骤：第一步，解析推导模态耦合系数矩阵关于结构模态信息的导数；第二步，采用复数变量法计算结构子系统的模态信息关于设计变量的导数。这里需要说明的是，复数变量法的实施是在软件 COMSOL 中进行，先向结构壳单元的厚度选项中输入虚部摄动后的设计变量，在 COMSOL 中基于复数的质量阵以及刚度阵执行当前的特征值分析，最后提取虚部的模态信息结果并除以摄动范围，即为结构子系统的模态关于设计变量的导数。

3.3.3　声振耦合系统的改进半解析灵敏度分析及优化流程

　　整体的优化流程：第一步，给定设计变量的初始值，并且给出设计变量的上下限。第二步，将耦合系统解耦，计算各系统的耦合系数以及模态注入功等参数，用以建立 SmEdA 模型。第三步，计算声腔子系统总能量及结构子系统总质量的当前值及当前的灵敏度，其中声腔子系统总能量的灵敏度采用改进半解析法，首先采用复数变量法计算出结构子系统角频率及固有模态关于结构尺寸厚度的灵敏度，再将其代入声腔子系统模态能量的解析灵敏度公式。第四步，将声腔子系统总能量和结构总质量的当前值以及二者关于结构尺寸厚度的灵敏度输入 GCMMA 求解器。第五步，判断当前是否收敛，如果收敛则停止迭代，如未收敛则将新生成的设计变量重新输入第二步，继续迭代直至收敛。优化流程如图 3.1 所示。

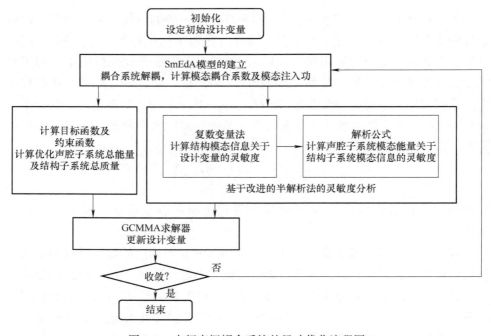

图 3.1　中频声振耦合系统的尺寸优化流程图

3.4　数值计算实例

3.4.1　改进的半解析灵敏度分析技术在板/腔耦合中的应用

如图 3.2 所示，一个四边简支的矩形薄板在一个宽带随机点激励 F 的作用下与长方体声腔耦合，其中矩形薄板分为 12 个具有相同面积的子区域，点激励作用在第 5 块子区域上（0，0.3，0.3），力的大小为 10N。弹性薄板材料为钢，声腔内充满空气并且其他 5 个面均为声场刚性边界，结构的尺寸以及具体的材料参数与 2.4.1 节相同。有限元模型中，弹性板由壳单元模拟，声腔由实体单元模拟，网格划分需满足每个弯曲波长至少 6 个单元。板结构共有 1271 个节点，1200 个四边形壳单元，声腔共有 64821 个节点，60000 个六面体声场单元。

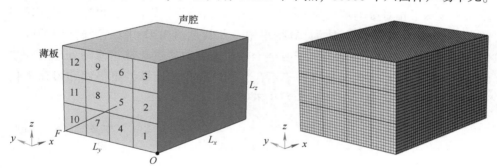

图 3.2　薄板与声腔的耦合示意图以及对应的网格划分

为了验证复数变量法的准确性，以图 3.2 中的简支薄板为例分别采用复数变量法以及有限差分法（向前差分）计算结构子系统的固有角频率和模态振型关于结构不同子区域厚度的灵敏度。表 3.1 列出了 1000Hz 1/3 倍频程范围内结构子系统角频率关于 1、2、5 号子区域的灵敏度。板的厚度取初始值 5mm，相对摄动步长取 10^{-5}。表中"CVM1"表示采用复数变量法计算得出的结构子系统角频率关于 1 号子区域的灵敏度，"FDM1"表示采用有限差分法计算得出的结构子系统角频率关于 1 号子区域的灵敏度，其他符号的含义类似。

频带内共有 6 个结构模态，无论哪个子区域，两种算法得到的灵敏度在当前摄动步长下均具有较好的吻合度，说明了复数变量法可以有效地计算角频率灵敏度。图 3.3 显示了频带内结构子系统首阶模态关于 5 号子区域的模态灵敏度（$\partial U_m / \partial x_5$）。薄板结构在 y 轴和 z 轴分别具有 41、31 个网格节点，轴的方向对应图 3.2，节点的不同颜色代表对应的模态灵敏度值。不难看出，两种方法计算得到的模态灵敏度几乎完全吻合，充分说明了复数变量法在模态灵敏度计算上的有效性。

表 3.1　1000Hz 1/3 倍频程内结构子系统角频率的灵敏度

模 态 阶 次		1	2	3	4	5	6
结构子系统 角频率的 灵敏度/ [rad/(s·mm)]	CVM1	103.4279	70.5152	103.4276	108.4066	122.8301	134.0556
	FDM1	103.4270	70.5152	103.4265	108.4057	122.8316	134.0555
	CVM2	85.3276	192.8307	103.4276	102.7688	104.3359	88.9038
	FDM2	85.3267	192.8220	103.4343	102.7682	104.3354	88.9034
	CVM5	85.3276	158.7467	103.4276	107.5564	93.1288	85.6246
	FDM5	85.3277	158.7448	103.4271	107.5555	93.1289	85.6245

随着摄动步长的减小，有限差分法计算的模态灵敏度可能出现误差。图 3.4 显示了相对摄动步长为 10^{-11} 时，两种方法的计算结果，可以发现，较多的"0"出现在有限差分法的计算结果中，尤其是图 3.4b 中红色线框内的区域（彩色图见书后插页）。这是由于两个十分相近的数经过计算机修约处理后，数值完全一样。然而复数变量法由于不存在相减操作，计算结果仍然和摄动步长为 10^{-5} 时的结果一致，对步长的变化不敏感。

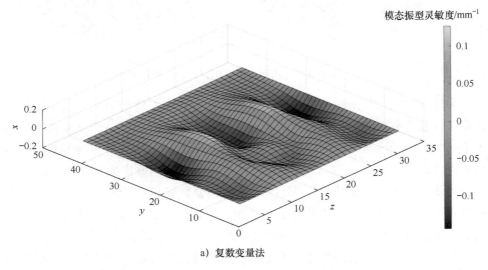

a) 复数变量法

图 3.3　频带内结构子系统的首阶模态关于 5 号子区域厚度的灵敏度（$\Delta x_5 / x_5 = 10^{-5}$）

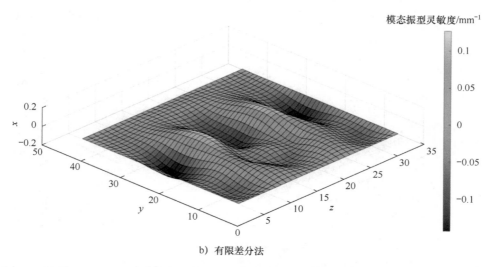

b）有限差分法

图 3.3　频带内结构子系统的首阶模态关于 5 号子区域厚度的灵敏度 （$\Delta x_5/x_5 = 10^{-5}$）（续）

　　为进一步验证声振耦合系统的改进半解析法的有效性，将声腔子系统总能量的灵敏度结果与传统半解析法和全局差分法的结果进行对比。传统半解析法是解析法与有限差分法的结合，解析公式为式 (2.20)，模态信息的导数采用有限差分法求得。全局差分法则需要分别计算差分前后的总能量，即 $[E_{aco}(x + \Delta x) - E_{aco}(x)]/\Delta x_i$。表 3.2 列出了 1000Hz 1/3 倍频程内三种方法计算得出的声腔子系统总能量关于 4 号子区域厚度的灵敏度结果。

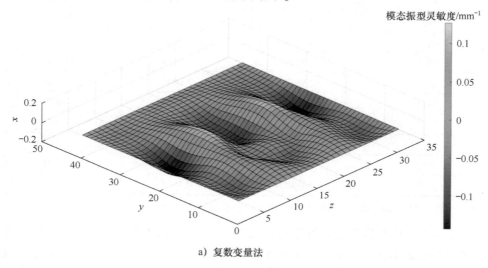

a）复数变量法

图 3.4　频带内结构子系统的首阶模态关于 5 号子区域厚度的灵敏度 （$\Delta x_5/x_5 = 10^{-11}$）

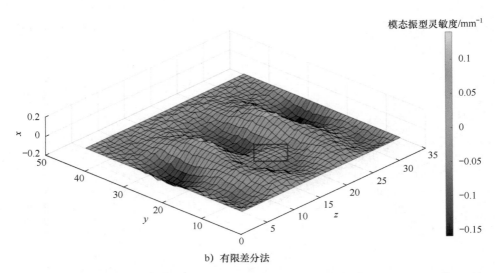

b) 有限差分法

图 3.4 频带内结构子系统的首阶模态关于 5 号子区域厚度的灵敏度 （$\Delta x_5 / x_5 = 10^{-11}$）（续）

注：彩色图见书后插页。

表 3.2 1000Hz 1/3 倍频程内声腔子系统总能量关于 4 号子区域厚度的灵敏度

相对摄动步长 （$\Delta x_4 / x_4$）	总能量灵敏度/（J/mm）		
	传统半解析法	全局差分法	改进半解析法
10^{-1}	—	− 0.0064	− 0.0037
10^{-2}	− 0.0039	− 0.0045	− 0.0038
10^{-3}	− 0.0038	− 0.0039	− 0.0038
10^{-4}	− 0.0038	− 0.0039	− 0.0038
10^{-5}	− 0.0038	− 0.0038	− 0.0038
10^{-6}	− 0.0038	− 0.0038	− 0.0038
10^{-7}	− 0.0038	− 0.0038	− 0.0038
10^{-8}	− 0.0039	− 0.0038	− 0.0038
10^{-9}	− 0.0047	− 0.0038	− 0.0038
10^{-10}	− 0.0114	− 0.0038	− 0.0038
10^{-11}	− 0.0022	− 0.0038	− 0.0038
10^{-12}	− 0.0005	− 0.0038	− 0.0038

注：表中计算涉及的模态数值是由商业软件 COMSOL 计算并输出得到。

从表 3.2 中可以看出传统半解析法与全局差分法对摄动步长较为敏感，直到摄动步长降至 10^{-5}，全局差分法才可以得到与改进半解析法同样的精度，摄动步长小于 10^{-5} 时，全局差分法的结果才稳定下来。然而实际操作中，由于不同软件的可识别精度有所差异，对应的摄动步长不适宜取得过小。总体来看，改进半解析法较全局差分法而言具有更大的适用范围。当相对摄动步长为 10^{-1} 时，半解析公式无法运行，这是由摄动步长过大导致的差分前后频带内的模态数量不一所引起的。直至摄动步长为 10^{-3} 时，传统半解析法才可以得到与改进半解析法同样的精度，但当摄动步长下降至 10^{-8} 时，半解析法则不再准确。这主要因为摄动步长很小时，摄动前后的模态数值本身就已经很接近，而一般软件的输出有效数字是固定的，模态值存在舍入误差，再用计入舍入误差的模态灵敏度进行计算，进一步导致声腔子系统总能量灵敏度的失效。显然全局差分法和传统半解析法要想得到准确的灵敏度结果，都存在一个有效的摄动步长范围，但是在面临复杂的工程问题时，很难事先得知多大的摄动步长可以得到满意的精度，并且优化求解时不同迭代步的有效摄动步长也可能不同，因此无论比较准确度还是有效摄动步长的范围，改进半解析法比传统半解析法甚至全局差分法都具有优势。

设定结构各子区域的初始厚度为 5mm，设计变量的上下限分别为 4mm 和 6mm。约束条件拟定为优化过程中结构的质量不得高于初始值。分别计算声腔子系统在 1000Hz、1250Hz、1600Hz 以及 2000Hz 1/3 倍频程内的总能量优化结果，优化收敛准则指定为前后两次迭代的目标函数值变化范围小于 1×10^{-3}。图 3.5 给出了目标函数在四个频带内的迭代过程，各个频带内的总能量都经历了起初迅速下降，然后平缓下降，最后稳定收敛的阶段。由于使用了更加准确的灵敏度分析技术，优化过程较传统方法更加平稳（与图 2.5 比较），每个频带内均未出现目标函数陡增的情况。

表 3.3 列出了优化前后的声腔子系统总能量、结构质量以及目标函数直至收敛的迭代次数。初始状态每个频带的声腔子系统总能量略有差别，并且优化后

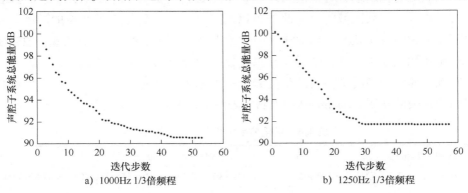

a) 1000Hz 1/3 倍频程　　　　b) 1250Hz 1/3 倍频程

图 3.5　四个频带内声腔子系统总能量的迭代过程

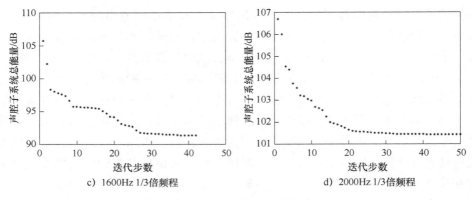

c) 1600Hz 1/3 倍频程   d) 2000Hz 1/3 倍频程

图 3.5　四个频带内声腔子系统总能量的迭代过程（续）

均显著降低，四个频带内结构子系统的总质量在优化后均与初始质量接近。说明结构尺寸的改变对中频声腔子系统总能量的降低有着重要的影响。

表 3.3　板/腔耦合案例的优化结果

频带/Hz （1/3 倍频程）	初始能量/dB	优化后能量/dB	初始质量/kg	优化后质量/kg	迭代次数
1000	100. 79	90. 54	18. 72	18. 52	53
1250	100. 13	91. 69	18. 72	18. 37	57
1600	105. 74	91. 38	18. 72	18. 59	42
2000	106. 68	101. 42	18. 72	18. 37	50

　　表 3.4 列出了优化前后结构各个子区域的厚度分布情况，可以看出，优化后 5 号子区域的厚度在四个频带内均处于最大值，并且达到了约束上限。加载位置依然对优化结果有着显著的影响，一定材料用量的限定之下，应该将较多的材料布置于加载区域附近。此外可以观察到，优化后相邻子区域的厚度呈现出薄厚交替的分布状态，如 1000Hz 1/3 倍频程内的 7、8、9 号子区域，1250Hz 1/3 倍频程内的 10、11、12 号子区域，以及 1600Hz 1/3 倍频程内的 1、2、3 号子区域。薄厚交替的结构会产生交错分布的刚度，这种结构形式对噪声的降低起到了积极的作用，Shepherd 和 Hambric[66] 的研究也得出了类似的结论。

表 3.4　优化前后每个子区域的厚度

子区域 编号	初始尺寸/ mm	优化后尺寸/mm			
		1000Hz 1/3 倍频程	1250Hz 1/3 倍频程	1600Hz 1/3 倍频程	2000Hz 1/3 倍频程
1	5. 00	4. 58	4. 04	5. 04	5. 03
2	5. 00	4. 61	4. 18	6. 00	4. 75

（续）

子区域编号	初始尺寸/mm	优化后尺寸/mm			
		1000Hz 1/3 倍频程	1250Hz 1/3 倍频程	1600Hz 1/3 倍频程	2000Hz 1/3 倍频程
3	5.00	4.58	4.07	5.27	5.16
4	5.00	6.00	4.87	5.37	4.00
5	5.00	6.00	6.00	6.00	6.00
6	5.00	6.00	4.26	5.43	4.00
7	5.00	4.09	5.31	4.02	4.97
8	5.00	6.00	5.21	4.98	5.50
9	5.00	4.05	5.51	4.41	4.91
10	5.00	4.53	5.75	4.34	4.63
11	5.00	4.37	4.04	4.37	5.38
12	5.00	4.56	5.63	4.36	4.54

从第 2 章统计模态能量分布分析的理论公式可以看出，不同子系统间的模态耦合系数对声振耦合系统中不同子系统的能量传递起着重要作用，因此下文讨论优化前后模态耦合系数的变化。图 3.6 中的模态耦合系数 β_{mn} 反映了耦合模态间的能量传递强弱，较大的 β_{mn} 表示结构子系统的 m 阶模态与声腔子系统的 n 阶模态之间产生较强的耦合，反之则耦合较弱。图中显示了 1000Hz 和 1250Hz 1/3 倍频程内的模态耦合系数变化，横轴为频带内结构子系统的模态阶数，纵轴为声腔子系统的模态阶数。不难发现，较强的耦合出现在初始阶段，并且模态耦合系数大多集中于对角区域。最高的耦合系数分别由初始阶段的 2.5 和 1.8 降至优化后的 0.6 和 0.9，初始状态非对角区域的模态耦合强度相对较弱，在优

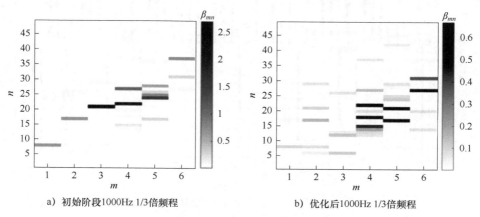

a）初始阶段1000Hz 1/3倍频程　　　　b）优化后1000Hz 1/3倍频程

图 3.6　四个频带内优化前后模态耦合系数的变化

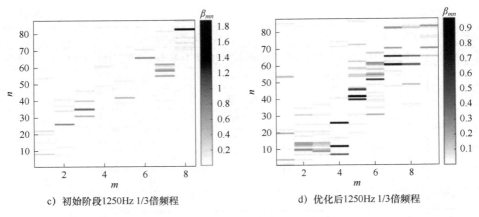

c) 初始阶段1250Hz 1/3倍频程   d) 优化后1250Hz 1/3倍频程

图3.6 四个频带内优化前后模态耦合系数的变化（续）

化后则明显提高，即更多的模态参与了能量交换。这说明优化不仅使较高的模态耦合强度降低，同时也促进了更多模态参与耦合，一种均匀化的趋势被体现出来。

图3.7显示了优化前后前两个频带内声腔子系统的模态能量分布，初始阶段能量的分布呈现出相对非均匀的形式，1000Hz 1/3 倍频程内最低的模态能量为 −145dB，最高的可以达到97.91dB。优化后不同模态能量之间的差距相对缩短，分布在 0 至 83dB 之间。初始阶段较高的模态能量得到降低，而较低的能量经过优化后反而得到提升，即一种均匀化的效果再次体现出来。但是降低初始阶段量级较高的模态能量依然对声腔子系统总能量的减少起着关键作用，如

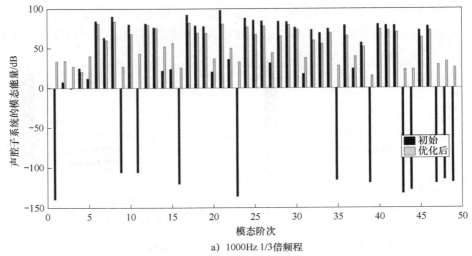

a) 1000Hz 1/3倍频程

图3.7 优化前后前两个频带内声腔子系统的模态能量分布

50

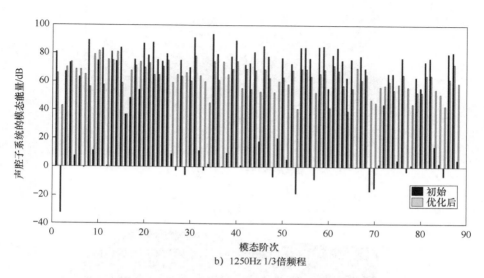

b) 1250Hz 1/3 倍频程

图 3.7　优化前后前两个频带内声腔子系统的模态能量分布（续）

1000Hz 1/3 倍频程内的最高两阶模态能量分别为 92.38dB 和 97.91dB，优化后分别降至 82.17dB 和 80.76dB。

3.4.2　改进的半解析灵敏度分析技术在腔/板/腔耦合中的应用

图 3.8 显示了腔/板/腔耦合系统的几何构型及网格划分。一个矩形薄板两侧分别与一个立方体声腔耦合，薄板设定为四边简支，面积为 $L_y L_z = 0.8\mathrm{m} \times 0.6\mathrm{m}$，板被分为 12 个面积相同的子区域。两声腔充满空气，激励声腔的深度为 0.8m，接收声腔的深度为 0.7m。一个单位体积速度的单极子声源位于激励声腔内部，具体坐标为（-0.3,0.2,0.4）。结构与声腔的材料参数与 2.4.1 节相同，薄板由 1200 个四边形壳单元模拟，激励声腔以及接收声腔分别由 48000 个以及 42000 个立方体实体单元模拟。

为了充分减少声波传递，以薄板 12 个子区域的厚度作为设计变量，初始厚度为 5 mm，上下限分别为 4 mm 和 6 mm，以接收声腔总能量作为优化目标，薄板结构的质量小于初始质量作为约束条件。图 3.9 给出了 1000Hz、1250Hz 1/3 倍频程内接收声腔总能量的迭代过程，可以看出，接收声腔的总能量稳定下降，整个迭代过程没有出现任何陡增和振荡现象，说明改进灵敏度分析技术可以提供准确的灵敏度信息，实现稳定的优化迭代。表 3.5 列出了优化前后的目标函数、约束条件以及迭代次数。数据显示在所关心的两个频带内结构材料均被充分利用，并且声腔子系统总能量显著降低。

中频声振耦合系统优化技术

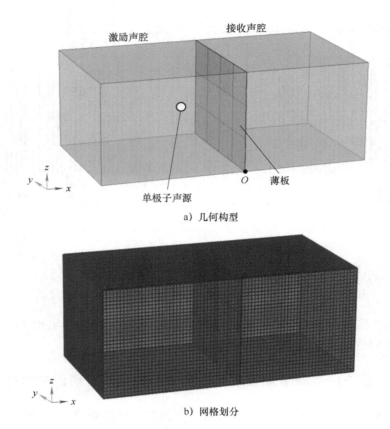

a) 几何构型

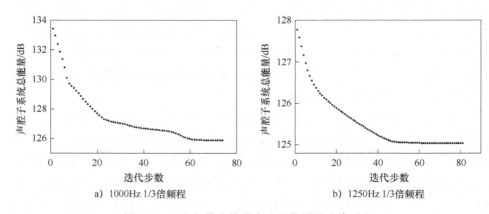

b) 网格划分

图 3.8　腔/板/腔耦合示意图及网格划分

a) 1000Hz 1/3 倍频程

b) 1250Hz 1/3 倍频程

图 3.9　两个频带内接收声腔总能量的迭代过程

表 3.6 列出了优化前后薄板 12 个子区域的厚度分布。由于声源没有直接作用在薄板上，声源位置对优化后尺寸分布的局部效应并没有显现出来。但是优

52

化结果再次呈现出交替的厚度分布形式，如 1000Hz 1/3 倍频程内，2 号子区域的厚度明显高于 1 号、3 号子区域，1250Hz 1/3 倍频程内，2 号子区域的厚度又明显低于 1 号、3 号子区域。再次说明了一定材料用量下，刚度交替的结构形式有利于噪声降低。

表 3.5　腔/板/腔耦合案例的优化结果

频带/Hz （1/3 倍频程）	初始能量/dB	优化后能量/dB	初始质量/kg	优化后质量/kg	迭代次数
1000	133.42	125.88	18.72	18.72	74
1250	127.78	125.03	18.72	18.72	81

表 3.6　优化前后各个子区域的结构尺寸

子区域编号	初始尺寸/mm	优化后尺寸/mm	
		1000Hz 1/3 倍频程	1250Hz 1/3 倍频程
1	5.00	4.46	4.94
2	5.00	5.63	4.02
3	5.00	4.39	5.11
4	5.00	4.64	5.08
5	5.00	6.00	5.86
6	5.00	4.74	4.98
7	5.00	4.79	5.05
8	5.00	6.00	5.93
9	5.00	4.58	5.01
10	5.00	4.47	4.86
11	5.00	5.76	4.00
12	5.00	4.53	5.15

3.5　本章小结

本章重点提出了半解析法与复数变量法相结合的中频声振耦合系统的改进半解析灵敏度分析技术。其中，声腔子系统模态能量关于结构子系统模态参数的导数以解析形式呈现，结构子系统模态参数的导数采用复数变量法来进行数值近似。复数变量法对有限差分法的替代，充分利用了其对摄动步长不敏感的特性，有效地避免了摄动步长过小时，有限差分法的减法运算带来的数值误差。

通过与传统半解析法和全局差分法的对比，发现改进半解析灵敏度分析可以在更小的摄动步长内得到准确的灵敏度结果。本章给出两个实例论述引入改进半解析灵敏度技术后中频声振耦合系统尺寸优化程序的有效性。第一个实例是板/腔耦合系统的优化，从优化结果可以发现，最优厚度分布能够使模态之间的能量传递趋于均匀化，进而得到相对均匀分布的声腔子系统模态能量。最优厚度的分布呈现薄-厚交替的形式，说明一定材料用量的条件下，这种薄-厚交替分布的结构形式有利于降低噪声。第二个实例是一个典型的声传递优化问题，属于多子系统能量传递，需要考虑非共振模态在能量平衡中的影响，因此能量传递模型的形式较两子系统耦合更加复杂。通过中间结构的尺寸分布调整，充分提升了结构的隔声能力，使接收声腔的总能量降至最低，说明了改进的半解析灵敏度技术可以应用于更加复杂的多子系统声传递优化。

第 **4** 章

中频声振耦合系统的局部
声场能量优化

4.1 引言

　　目前关于中、高频声振耦合系统的优化研究基本都针对声腔子系统总能量的降低，然而声腔子系统内部指定区域的噪声控制依然十分重要。尤其是中频范围内，局部声场能量的降低在工程领域内具有很高的现实意义，如汽车驾驶员人耳附近以及飞机关键设备的安放位置等。传统的基于单元离散的方法（如有限元法、边界元法）可以得到声场内部每个节点的响应，因此便于进行低频局部声场响应的预测及优化。到了中频甚至高频阶段，所采用的能量方法的原理是基于时间平均以及空间平均等多个统计性假设的，不利于声场内部特定位置响应的预测。统计模态能量分布分析模型打破了模态能量均等化假设，较传统的统计能量分析方法而言，具有更广的适用范围。其中一个重要的优势就是可以通过后处理的方式，以模态定位的思想，近似求解出子系统局部位置的能量分布，这种后处理的方法被称为能量密度分析[22]，因此统计模态能量分布分析可以结合优化技术来降低声腔内部局部区域的噪声等级。另一方面，每一阶模态能量可以分为模态动能和模态势能，通过能量密度分析也可以定位出感兴趣的局部空间区域内动能和势能的分布情况。

　　本章建立了以所关心频带内感兴趣的局部空间区域声场能量为优化目标的中频局部能量优化模型，通过优化结构子系统的厚度分布来降低声腔子系统内的局部响应。在灵敏度分析的过程中依然采用了复数变量法来计算结构模态信息的导数。优化后感兴趣的局部空间声场能量的降低说明了局部声场能量优化算法的有效性。将局部声场优化结果与全局声场优化结果进行对比，明显发现感兴趣的局部空间噪声等级更低。此外，局部空间区域的模态能量在优化后呈现出相对均匀的变化趋势，即各模态能量之间的差距在优化后明显缩小。最后将本章的优化程序应用于乘用车驾驶员人耳附近的声场能量优化，得到了良好的降噪效果。

4.2 声腔子系统局部声场能量预测

统计模态能量分布分析模型不仅可以描述子系统内各模态能量的分布情况，也可以提供子系统内部的能量空间分布，这对预测声腔子系统内感兴趣的局部空间的中频噪声等级提供了可行性。本节详细介绍声场空间内局部动能和势能的预测方法以及"时间平均能量"的概念。假定耦合系统承受白噪声外力，声腔子系统第 n 阶模态的时间平均能量 E_n 被定义成为

$$E_n = \lim_{\delta \to +\infty} \frac{1}{2\delta} \int_{-\delta}^{+\delta} E_n(t)\,\mathrm{d}t \tag{4.1}$$

式中　$E_n(t)$ ——随时间变化的 n 阶声场模态能量，也被称作瞬态模态能量。

对以上的稳态随机过程进行频率分解，并考虑该随机过程为遍历过程，即系统的统计平均值与瞬态平均值相等，可以得到时间平均能量与单一频点的频谱积分能量之间的关系为

$$\lim_{\delta \to +\infty} \frac{1}{2\delta} \int_{-\delta}^{+\delta} E_n(t)\,\mathrm{d}t = \int_{\Delta\omega} E_n(\omega)\,\mathrm{d}\omega \tag{4.2}$$

式中　$E_n(\omega)$ ——随角频率变化的 n 阶声场模态能量。

下面建立模态时间平均能量与模态时间平均动能和势能之间的关系。声腔子系统的瞬态总能量 $E(t)$ 可以分为对应的动能 $T(t)$ 和势能 $V(t)$，则有

$$T(t) = \frac{1}{2}\big[\dot{\boldsymbol{P}}(t)^{\mathrm{H}}\boldsymbol{M}_c\dot{\boldsymbol{P}}(t)\big]$$
$$V(t) = \frac{1}{2}\big[\boldsymbol{P}(t)^{\mathrm{H}}\boldsymbol{K}_c\boldsymbol{P}(t)\big] \tag{4.3}$$

式中　$\boldsymbol{M}_c$ ——声腔子系统的质量矩阵；

　　　$\boldsymbol{K}_c$ ——声腔子系统的刚度矩阵；

　　$\boldsymbol{P}(t)$ ——声腔的节点声压向量（以时间为坐标）。

二者的时间平均能量分别表示为[67]：

$$\langle T \rangle_t = \lim_{\delta \to +\infty} \frac{1}{2\delta} \int_{-\delta}^{+\delta} T(t)\,\mathrm{d}t = \int_{\Delta\omega} T(\omega)\,\mathrm{d}\omega = \int_{\Delta\omega} \frac{1}{2}\mathrm{Re}\left[\frac{1}{2}\boldsymbol{P}(\omega)^{\mathrm{H}}\boldsymbol{M}_c\boldsymbol{P}(\omega)\right]\mathrm{d}\omega$$
$$\langle V \rangle_t = \lim_{\delta \to +\infty} \frac{1}{2\delta} \int_{-\delta}^{+\delta} V(t)\,\mathrm{d}t = \int_{\Delta\omega} V(\omega)\,\mathrm{d}\omega = \int_{\Delta\omega} \frac{1}{2}\mathrm{Re}\left[\frac{1}{2}\boldsymbol{P}(\omega)^{\mathrm{H}}\boldsymbol{K}_c\boldsymbol{P}(\omega)\right]\mathrm{d}\omega$$
$$\tag{4.4}$$

式中　$P(\omega)$——声腔的节点声压向量（以角频率为坐标）。

式（4.4）中的系数较（4.3）多了一个 $\frac{1}{2}$，这是由时间平均积分计算所产生的。

假定随时间变化的声压信号表示为 $P(t) = A_0\cos(\omega_0 t + \theta)$，$\theta$ 是在 $(-\pi, \pi)$ 均匀分布的随机变量，求这个样本函数的自相关函数，有

$$R_P(\tau) = \frac{1}{2\delta}\int_{-\delta}^{+\delta} A_0^2\cos(\omega_0 t + \theta)\cos(\omega_0 t + \omega_0 \tau + \theta)\,\mathrm{d}t = \frac{A_0^2}{2}\cos\omega_0\tau \quad (4.5)$$

式中　τ——时间的增量。

当 τ 为 0 时，$R_P(0) = A_0^2/2$，可以表示该声压信号的时间平均能量，即经过时间平均积分后的能量，比瞬态能量多了一个系数 $\frac{1}{2}$。

式（4.4）中的 $P(\omega)$ 表示单一频点处声腔子系统的声压向量，其模态展开形式为

$$P(\omega) = \sum_{n=1}^{N} \xi_n(\omega)\, P_n \quad (4.6)$$

式中　$\xi_n(\omega)$——频率相关的 n 阶模态坐标。

进一步，单一频点下声腔子系统的 n 阶模态动能 $T_n(\omega)$ 与势能 $V_n(\omega)$ 可以表示为

$$\begin{aligned} T_n(\omega) &= \frac{1}{4}\omega^2\xi_n^2(\omega)M_n \\ V_n(\omega) &= \frac{1}{4}\xi_n^2(\omega)K_n \end{aligned} \quad (4.7)$$

式中　M_n——声腔子系统第 n 阶模态质量；

　　　K_n——声腔子系统第 n 阶模态刚度。

在所关心频带内，整体声场空间的时间平均模态动能与模态势能具有相同的数值，因此模态 n 的时间平均模态能量等于两倍的时间平均模态动能（势能），有

$$\begin{aligned} E_n &= 2\int_{\Delta\omega} T_n(\omega)\,\mathrm{d}\omega = 2\int_{\Delta\omega} V_n(\omega)\,\mathrm{d}\omega = \frac{1}{2}\int_{\Delta\omega} M_n\omega^2\xi_n^2(\omega)\,\mathrm{d}\omega \\ &= \frac{1}{2}\int_{\Delta\omega} K_n\xi_n^2(\omega)\,\mathrm{d}\omega \end{aligned} \quad (4.8)$$

下面计算声腔内局部空间区域的时间平均动能和势能，子系统总能量等于所关心频带内各阶模态能量之和[17]。考虑到模态正交性不适用于局部区域，单一频点的局部区域在总能量上表现出了模态交叉项：

$$\begin{cases} T(D,\omega) = \sum_{n=1}^{N}\sum_{o=1}^{N} T_{no}(D,\omega) = \sum_{n=1}^{N} T_{nn}(D,\omega) + \sum_{n=1}^{N}\sum_{o\neq n}^{N} T_{no}(D,\omega) \\ V(D,\omega) = \sum_{n=1}^{N}\sum_{o=1}^{N} V_{no}(D,\omega) = \sum_{n=1}^{N} V_{nn}(D,\omega) + \sum_{n=1}^{N}\sum_{o\neq n}^{N} V_{no}(D,\omega) \end{cases} \tag{4.9}$$

式中　$T(D,\omega)$ ——局部声场空间区域 D 在单一频点下的动能；

$V(D,\omega)$ ——局部声场空间区域 D 在单一频点下的势能；

$T_{no}(D,\omega)$ ——第 n 阶模态和第 o 阶模态对区域 D 的动能贡献；

$V_{no}(D,\omega)$ ——第 n 阶模态和第 o 阶模态对区域 D 的势能贡献；

$T_{nn}(D,\omega)$ ——区域 D 的第 n 阶模态动能；

$V_{nn}(D,\omega)$ ——区域 D 的第 n 阶模态势能。

根据文献 [22]，在低阻尼以及模态叠加程度低于 1 的情况下（混响声场），交叉模态的贡献可以忽略，因此局部声场 D 在频带 $\Delta\omega$ 的时间平均能量可以近似为

$$\begin{cases} \langle T(D,\omega)\rangle_{\Delta\omega} \approx \int_{\Delta\omega}\sum_{n=1}^{N} T_{nn}(D,\omega)\mathrm{d}\omega = \sum_{n=1}^{N}\frac{1}{4}\int_{\Delta\omega}\omega^2\xi_n^2(\omega)\mathrm{d}\omega\, \boldsymbol{P}_n^{\mathrm{T}}(D)\boldsymbol{M}_c(D)\boldsymbol{P}_n(D) \\ \langle V(D,\omega)\rangle_{\Delta\omega} \approx \int_{\Delta\omega}\sum_{n=1}^{N} V_{nn}(D,\omega)\mathrm{d}\omega = \sum_{n=1}^{N}\frac{1}{4}\int_{\Delta\omega}\xi_n^2(\omega)\mathrm{d}\omega\, \boldsymbol{P}_n^{\mathrm{T}}(D)\boldsymbol{K}_c(D)\boldsymbol{P}_n(D) \end{cases} \tag{4.10}$$

式中　$\boldsymbol{P}_n(D)$、$\boldsymbol{M}_c(D)$、$\boldsymbol{K}_c(D)$ ——局部声场区域内的相关变量。

将式（4.8）的结果代入式（4.10），局部区域的时间平均动能和势能可以最终表现为

$$\begin{cases} \langle T(D,\omega)\rangle_{\Delta\omega} \approx \sum_{n=1}^{N}\langle T_{nn}(D,\omega)\rangle_{\Delta\omega} = \sum_{n=1}^{N} T_{nn}(D) = \sum_{n=1}^{N}\frac{1}{2}\frac{E_n}{M_n}\boldsymbol{P}_n^{\mathrm{T}}(D)\boldsymbol{M}_c(D)\boldsymbol{P}_n(D) \\ \langle V(D,\omega)\rangle_{\Delta\omega} \approx \sum_{n=1}^{N}\langle V_{nn}(D,\omega)\rangle_{\Delta\omega} = \sum_{n=1}^{N} V_{nn}(D) = \sum_{n=1}^{N}\frac{1}{2}\frac{E_n}{K_n}\boldsymbol{P}_n^{\mathrm{T}}(D)\boldsymbol{K}_c(D)\boldsymbol{P}_n(D) \end{cases} \tag{4.11}$$

可以看出局部区域能量的求解利用了整体区域的时间平均模态能量 E_n，并且通过声腔子系统模态、质量阵及刚度阵的局部形式，以一种后处理的方法可以最终得到局部声场的时间平均能量。

所关心频带内局部区域的时间平均总能量 $E_{\mathrm{aco}}(D)$ 即为对应的时间平均动能与势能之和，即

$$E_{\mathrm{aco}}(D) = \langle E_{\mathrm{aco}}(D,\omega)\rangle_{\Delta\omega} \approx \sum_{n=1}^{N} E_n(D) = \sum_{n=1}^{N} T_{nn}(D) + V_{nn}(D) \tag{4.12}$$

为了简便起见，后文中不再强调"时间平均"概念，即讨论的声场模态能量和总能量均为时间平均值。

4.3　声腔子系统内局部区域声场能量的尺寸优化

4.3.1　优化模型

本节的优化问题可以定义为考虑结构子系统的质量约束，通过优化结构不同区域的厚度使声腔子系统内感兴趣的局部区域总能量降至最低，优化模型的具体表现形式为

$$\text{最小化：} \quad E_{\text{aco}}(D, \boldsymbol{x})$$

$$\text{约束：} \quad \begin{cases} M(\boldsymbol{x}) \leqslant M_{\text{u}} \\ x_1 \leqslant x_i \leqslant x_{\text{u}}, i \in (1, d) \end{cases} \tag{4.13}$$

式中　　$\boldsymbol{x}$——结构子系统中不同子区域的厚度，$\boldsymbol{x} = \{x_1 \cdots x_d\}^{\text{T}}$；

$E_{\text{aco}}(D, \boldsymbol{x})$——所关心频带内局部区域 D 的声场总能量；

x_1、x_{u}——每个设计变量的上下限；

d——设计变量的个数；

$M(\boldsymbol{x})$——结构子系统的总质量；

M_{u}——规定的质量上限。

选用 MMA 算法来求解上述局部声场能量优化模型，显然需要推导局部声场能量关于结构尺寸的灵敏度。

4.3.2　灵敏度分析

局部声场能量关于结构尺寸变量的导数可以分为两个部分，即局部区域声场动能和势能的导数，即

$$\frac{\partial E_{\text{aco}}(D)}{\partial x_i} = \frac{\partial \langle T(D, \omega) \rangle_{\Delta\omega}}{\partial x_i} + \frac{\partial \langle V(D, \omega) \rangle_{\Delta\omega}}{\partial x_i} \tag{4.14}$$

两个部分的灵敏度分别表示为

$$\frac{\partial \langle T(D, \omega) \rangle_{\Delta\omega}}{\partial x_i} \approx \sum_{n=1}^{N} \frac{\partial \langle T_{nn}(D, \omega) \rangle_{\Delta\omega}}{\partial x_i} = \sum_{n=1}^{N} \frac{\partial T_{nn}(D)}{\partial x_i}$$

$$= \sum_{n=1}^{N} \frac{\partial E_n}{\partial x_i} \frac{\boldsymbol{P}_n^{\text{T}}(D) \boldsymbol{M}_{\text{c}}(D) \boldsymbol{P}_n(D)}{2M_n}$$

$$\frac{\partial \langle V(D,\omega) \rangle_{\Delta\omega}}{\partial x_i} \approx \sum_{n=1}^{N} \frac{\partial \langle V_{nn}(D,\omega) \rangle_{\Delta\omega}}{\partial x_i} = \sum_{n=1}^{N} \frac{\partial V_{nn}(D)}{\partial x_i}$$

$$= \sum_{n=1}^{N} \frac{\partial E_n}{\partial x_i} \frac{\boldsymbol{P}_n^{\mathrm{T}}(D) \boldsymbol{K}_c(D) \boldsymbol{P}_n(D)}{2K_n} \tag{4.15}$$

对偶模态规划假设中指出，系统解耦后，结构子系统的特性改变不影响声腔子系统的特性，因此局部声场的模态、质量阵及刚度阵关于结构尺寸的灵敏度皆为零。此外，式（4.14）中的导数只包含声腔子系统各阶模态能量关于设计变量的导数，这些导数即为第 2 章和第 3 章中的灵敏度向量 $\partial \boldsymbol{E}_2 / \partial x_i$ 中的各个元素，该求解过程依然采用第 3 章中的改进半解析法的灵敏度分析技术（请见 3.2 节）。可以看出，局部声场的灵敏度与局部声场能量均可以通过模态信息的后处理得到。

4.3.3 局部声场能量的优化流程

图 4.1 概括了局部声场的能量优化流程：第一步，输入初始设计变量，并给出变量的上下限。第二步，计算局部声场空间的能量，先依据耦合系统的模态能量平衡方程计算出整体声场的模态能量，然后通过后处理的方式计算出感兴趣的局部声场的能量，得到最终的目标函数。第三步，计算局部声场能量关于结构厚度的灵敏度，先计算整体声场的模态能量关于设计变量的灵敏度，接

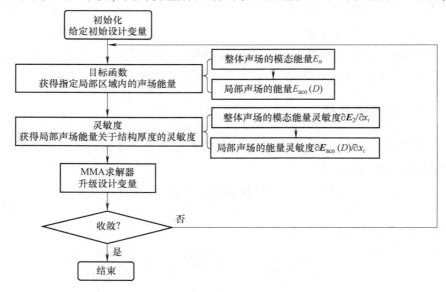

图 4.1　局部声场的能量优化流程

着采用同样的后处理方式得出局部声场的能量灵敏度。第四步，将目标函数及灵敏度信息输入 MMA 求解器，生成新的设计变量。第五步，判断是否满足收敛条件，如果不收敛则将新的设计变量重新导入设计循环。

4.4　数值计算实例

4.4.1　板/腔耦合系统局部声场的能量优化

图 4.2 显示了板/腔耦合系统和对应的网格划分。薄板假定为四边简支，一个幅值为 10 N 的白噪声点激励 F 垂直作用在板的 6 号子区域内，坐标为（0.3，0.3，0.5）。薄板与声腔的材料参数与 2.4.1 节相同，并且两耦合系统的材料阻尼损耗因子均为 0.01。薄板的长为 $L_x = 0.8\text{m}$，宽为 $L_y = 0.6\text{m}$。薄板被分为面积相同的 12 个子区域。声腔的高度为 $L_z = 0.5\text{m}$，除了与薄板的耦合面外，其他五个面均为声场刚性边界。图中深色区域被指定为感兴趣区域，坐标范围 $x \in (0.4, 0.8)$，$y \in (0, 0.3)$ 和 $z \in (0, 0.3)$。薄板由 768 个尺寸相同的四边形壳单元模拟，共包含 4950 个自由度，矩形声腔由 15360 个六面体实体单元模拟，共 17325 个自由度。薄板 12 个子区域的初始厚度为 6mm，对应的上下限分别为 7mm 及 5mm。结构子系统的最大允许质量为结构的初始质量，分别在 1000Hz、1250Hz、1600Hz 和 2000Hz 1/3 倍频程内，最小化感兴趣区域的声场能量。

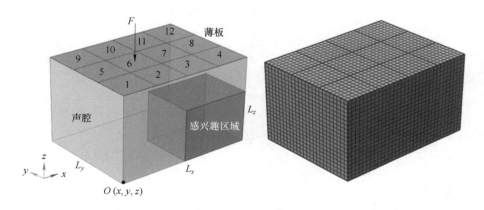

图 4.2　板/腔耦合系统和对应的网格划分

图 4.3 给出了薄板初始状态下，感兴趣的局部声场内的动能和势能关于结构初始厚度的灵敏度情况，其中横轴表示 12 个子区域的编号。不同频带内的灵

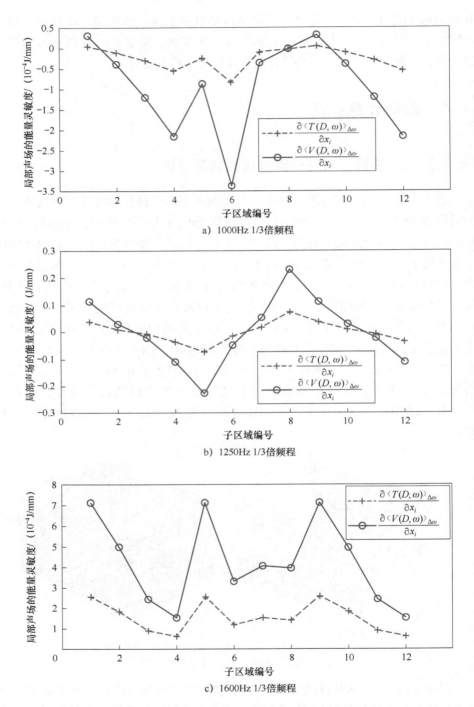

图 4.3　四个频带内局部声场动能及势能关于结构初始厚度的灵敏度

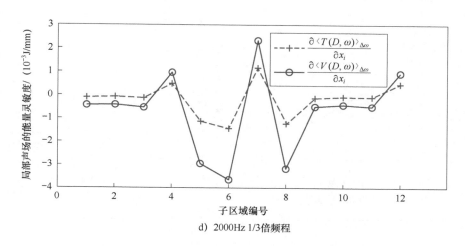

d) 2000Hz 1/3倍频程

图 4.3　四个频带内局部声场动能及势能关于结构初始厚度的灵敏度（续）

敏度差异显示了加载频率对局部声场动能和势能的较强影响，灵敏度较大的子区域在优化过程中的厚度变化程度也可能相对较大。此外，可以看出四个频带内局部声场势能灵敏度的绝对值均明显大于动能，说明局部声场的势能对结构厚度的改变比动能更加敏感。正数的灵敏度值表示增加对应子区域的厚度会提升指定声场的能量，反之亦然。除 1600Hz 1/3 倍频程外，$\langle T(D,\omega)\rangle_{\Delta\omega}$ 以及 $\langle V(D,\omega)\rangle_{\Delta\omega}$ 关于加载区域所在厚度变量 x_6 的灵敏度均为负值，尤其在 1000Hz 和 2000Hz 1/3 倍频程内，对应灵敏度的绝对值达到最大，这说明加载位置对最优的厚度分布有着较大影响。

　　为了显示局部优化程序的稳定性，图 4.4 给出了四个频带内局部声场能量的迭代过程。初始阶段所关心区域内的声场能量迅速下降，然后趋于平稳，最终收敛至最低点。表 4.1 列出了板/腔耦合系统的优化结果。众所周知，以整体声场能量为优化目标，在一定程度上也可以降低局部区域的噪声等级，为了说明局部声场优化的特点，同时进行了整体声场优化，并且重点比较两种目标函数下降低感兴趣局部区域声场响应的能力。表中"（局部）"表示采用本章提出的局部声场优化模型得到的优化能量；"（整体_局部）"表示先以整体声场能量为优化目标计算出最低声场能量，再采用后处理方式提取局部空间区域的能量等级。不难看出，无论哪种方法，四个频带内的局部声场能量均得到有效降低，并且局部优化手段得出的能量下降效果要比整体优化更加显著，尤其在 2000Hz 1/3 倍频程内，整体优化的能量降低仅为局部优化得出结果的一半，因此在声场局部降噪方面，局部优化的作用是整体优化所无法替代的。此外，每个频带内优化后的结构质量也基本到达上限，说明设计材料被充分利用。

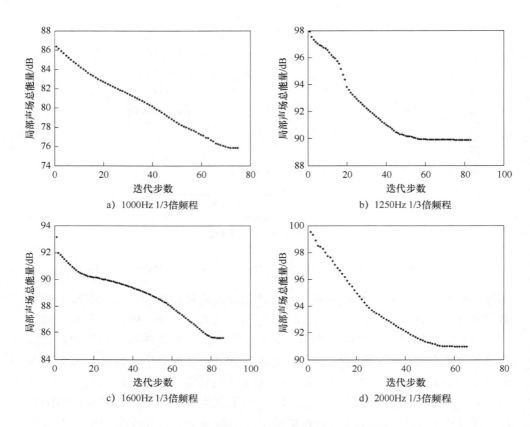

图 4.4 四个频带内局部声场能量的迭代过程

表 4.1 板/腔耦合系统的优化结果

频带/Hz (1/3 倍频程)	初始能量 /dB	优化能量/dB (局部)	优化能量/dB (整体_局部)	初始质量/kg	优化质量/kg	迭代步数
1000	86.377	76.013	78.606	22.464	22.460	75
1250	97.946	89.908	90.242	22.464	22.106	83
1600	93.169	85.605	86.625	22.464	22.463	86
2000	99.550	91.017	95.600	22.464	22.407	65

表 4.2 给出了优化前后 12 个子区域的厚度变化。除 1600Hz 1/3 倍频程外，6 号子区域的厚度比其他子区域高出很多，甚至达到变量上限。因此根据载荷作用区域的影响，一定材料的条件下，应该向加载区域提供更多的设计材料，这一结果与图 4.3 中的灵敏度结果一致。此外，优化的厚度分布呈现出了薄厚交替的特点，例如在 y 轴方向，1000Hz 1/3 倍频程内 5 号子区域的厚度明显高

于邻近的 1 号和 9 号子区域。x 轴方向，1600Hz 1/3 倍频程内 2 号子区域的厚度明显高于邻近的 1 号和 3 号子区域。根据 Shepherd 和 Hambric[66] 的研究结论，刚度交替分布的结构具有良好的降噪功能，这一现象在本章的中频局部声场优化中也得到了体现。

表 4.2　优化前后各子区域的厚度

子区域编号	初始厚度/mm	优化后的厚度/mm			
		1000Hz 1/3 倍频程	1250Hz 1/3 倍频程	1600Hz 1/3 倍频程	2000Hz 1/3 倍频程
1	6.00	5.02	6.76	5.00	5.96
2	6.00	7.00	5.00	7.00	5.76
3	6.00	5.30	5.84	5.08	6.31
4	6.00	6.54	5.71	7.00	5.39
5	6.00	6.04	6.19	5.67	5.97
6	6.00	7.00	7.00	6.25	7.00
7	6.00	6.24	5.00	7.00	5.85
8	6.00	5.00	6.05	7.00	6.52
9	6.00	5.02	6.76	5.00	7.00
10	6.00	7.00	5.00	6.97	5.30
11	6.00	5.29	5.84	5.03	5.65
12	6.00	6.54	5.71	7.00	5.11

为了分析局部声场优化对局部空间区域模态能量的影响，图 4.5 给出了前两个频带内感兴趣区域的模态能量（彩色图见书后插页），其中包含局部模态动能 $T_{nn}(D)$、局部模态势能 $V_{nn}(D)$ 以及局部区域的总模态能量 $E_n(D)$。可以看出，无论优化前后，局部区域的模态势能均高于同阶的模态动能。与整体声场不同的是，由于在局部区域不具有模态正交性，因此局部模态动能并不等于同阶的模态势能。另外，初始阶段的声场模态能量分布不均，较多模态能量甚至低于 0，经过局部声场优化，这些模态能量全部增长至正值。同时，初始阶段具有较高数量级的模态能量经优化后显著降低，如 1000Hz 1/3 倍频程内的第 3、4 阶模态，这些模态能量的降低对局部声场总能量的降低贡献较大。图中的红色实线和虚线分别表示初始阶段和优化后局部区域的平均模态能量。对应局部区域总能量的降低，优化后局部声场的平均模态能量也显著下降，例如前两个频带内平均模态能量分别从 72.06dB 和 81.32dB 降至 61.70dB 和 73.28dB。

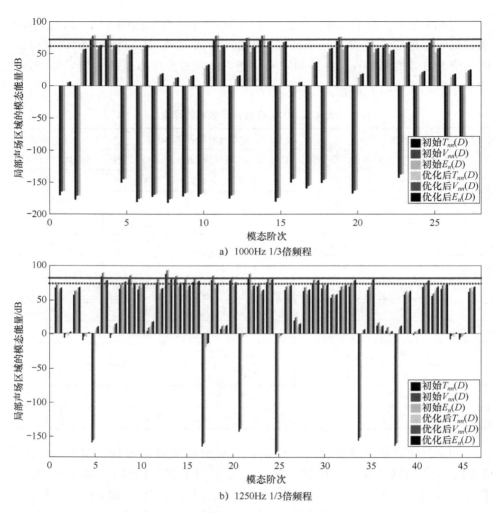

图 4.5 两个频带内优化前后局部声场的模态能量分布

注：彩色图见书后插页。

4.4.2 汽车乘用室内局部声场的能量优化

图 4.6 显示了某汽车简化模型的乘用室声腔与车顶板耦合的情形，车顶的中心位置作用一个 10N 的白噪声点激励 F。车顶板为一曲壳结构并且四边固支，除了与车顶耦合的表面以外，乘用车的其他边界均假定为声场刚性边界。两个耦合子系统的材料参数与 4.4.1 节一致。图的右半部分展示了车顶以及乘用室内声腔的网格剖分，其中车顶被分为 64 个设计子区域。实际工程中，汽车内部驾驶员耳朵附近的位置尤为重要，为了提升驾驶员的驾车体验以及舒适度，

人耳附近的声学响应需要尽可能地降低。如图所示，以车体正驾驶和副驾驶人耳附近的两个长方体声场作为感兴趣区域，通过优化车顶不同子区域的厚度分布将感兴趣区域的声场能量降至最低。车顶每个子区域的初始厚度为 8mm，对应的设计下限及上限分别为 7mm 和 9mm。车顶曲壳结构包含 3072 个三角形壳单元，声腔共包含 107055 个四面体实体单元。

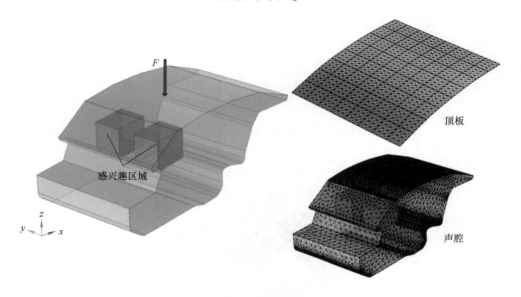

图 4.6　简化汽车乘用室与弹性车顶的耦合示意图及网格划分

结构子系统的初始质量被指定为约束条件，考虑 800Hz、1000Hz 以及 1250Hz 1/3 倍频程内感兴趣区域的声场优化。800Hz 1/3 倍频程的目标函数迭代过程如图 4.7 所示，可以看出目标函数一直处于稳定下降中。其余两个频带的目标函数迭代过程曲线与图 4.7 的曲线趋势一致。三个频带分别经过 86、65 以及 140 次迭代后，局部声场的总能量分别下降了 21.28dB、6.01dB 以及 19.74dB。声场总能量的显著降低，进一步说明中频声振耦合系统局部声场优化程序可以应用于汽车工程的噪声、振动以及不平顺性（noise vibration and harshness，NVH）的优化。图 4.8 展示了三个频带内车顶的最优厚度分布，800Hz 1/3 倍频程内，较高的厚度大多出现在车顶的中部，这也是加载区域附近，而车顶的前方与后方的厚度则相对较小。随着频率的升高，较厚的区域分别集中于车顶的前后两端（1000Hz 1/3 倍频程）以及左右两端（1250Hz 1/3 倍频程），同时，越高的频带，较大厚度区域呈现出更加均匀的分布趋势。此外，三个频带内加载点附近区域的厚度均明显高于其他位置，再次显现了加载位置对最优尺寸分布的影响。

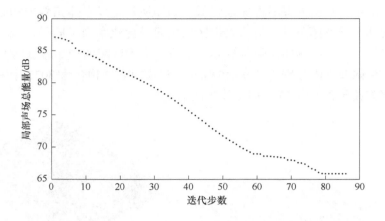

图 4.7　800Hz 1/3 倍频程内局部声场总能量的迭代过程

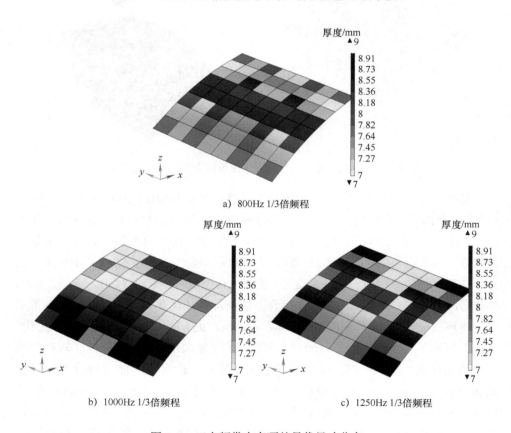

a)　800Hz 1/3倍频程

b)　1000Hz 1/3倍频程　　　　　　　c)　1250Hz 1/3倍频程

图 4.8　三个频带内车顶的最优尺寸分布

图 4.9 显示了 800Hz 1/3 倍频程内感兴趣区域的局部模态能量分布（彩色图见书后插页），包含局部模态动能和局部模态势能。频带内共包含 85 个声场模态。无论优化前后，局部区域的模态势能均高于模态动能，再次说明局部声场内的模态动能与势能不再具有相等的性质。另外，局部区域的声场模态能量在优化后再次呈现均匀化的趋势，初始阶段具有较高数量级的局部模态能量在优化后下降幅度较大，如第 3、4、5 阶模态，对应的局部声场模态能量分别从 77.61dB、78.64dB、76.48dB 降至 35.09dB、48.77dB、34.81dB。对应局部声

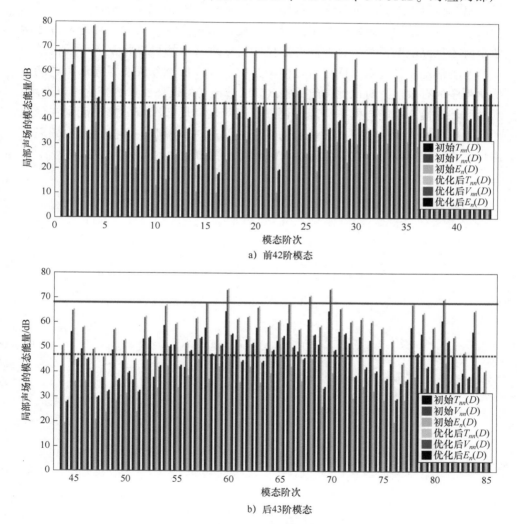

a）前42阶模态

b）后43阶模态

图 4.9　800Hz 1/3 倍频程内局部声场的模态能量分布

注：彩色图见书后插页。

场模态总能量的降低，优化后局部声场平均模态能量从 67.81dB 降至 46.54dB。

4.5 本章小结

为实现中频声振耦合系统局部区域的噪声控制，将基于统计模态能量分布分析模型的一种后处理方法与尺寸优化技术结合在一起。在构成的优化模型里，设计目标指定为声腔子系统内局部感兴趣区域的总能量，而不是整个声腔子系统的总能量。结构子系统每个子区域的厚度被指定为设计变量。无论是目标函数求解还是灵敏度求解，有关模态定位的后处理技术均可以将整体声场信息与局部声场信息联系起来。优化后目标函数的显著降低充分说明了局部声场能量优化程序的有效性。对比优化前后感兴趣区域声场的模态能量的变化可以发现：局部区域的模态动能与模态势能不再具备相等性；局部区域的模态能量在优化后呈现更加均匀的趋势。本章最后的工程实例进一步说明，所提出的中频局部声场优化流程可以指导汽车工程中 NVH 性能的提升。

第5章

中频声振耦合系统黏弹性阻尼材料的布局优化

5.1 引言

为了进一步降低噪声，越来越多的研究者将阻尼材料引入声振耦合系统，通过对阻尼材料的合理布局，可以得到更为安静的声振环境。众多材料中，黏弹性阻尼材料以其轻质、高阻尼的特点成为工程界的主要研究对象。根据黏弹性阻尼材料的应用形式，可以将其分为自由层阻尼（unconstrained layer damping，UCLD）和约束层阻尼（constrained layer damping，CLD）。自由黏弹性阻尼结构是指黏弹性层直接黏合在基础结构表面组成的复合结构，通过材料的弯曲变形降低基础结构的振动强度。约束黏弹性阻尼结构是指由两个刚度较大的薄板与中间的黏弹性层组成的复合结构，这种结构主要通过层间耦合面的剪切以及平面位移运动来消耗振动能量，进而降低结构的振幅。一般来说，约束黏弹性阻尼结构的减振效果要优于自由黏弹性阻尼结构，但是自由阻尼结构具有质量小、经济成本低以及易于安装等特点，在工程领域也有很广泛的应用。因此探究黏弹性材料在中频声振耦合系统的降噪效果具有重要的价值。Hwang[23]等人首次研究了施加黏弹性材料的中频声振耦合系统的动力学特性，建立了考虑黏弹性耗散效应的统计模态能量分布分析模型。Hwang[68]的博士学位论文中，以统计模态能量分布分析模型为载体，从试验和数值计算两方面，详细分析了自由黏弹性阻尼结构在降低中频声振耦合系统内部噪声中所发挥的作用。

既要获得较高阻尼的效果，又要限制实际工程中阻尼材料的用量，就需要在产品的初始设计阶段引入优化技术。拓扑优化以材料分布为优化对象，通过判定设计材料在规定设计域的有无，找到可以使目标函数最优的材料布局方案，是一种应用于材料布局优化的典型手段。众多学者采用拓扑优化的方法，通过优化自由黏弹性阻尼材料的布局形式降低结构的声振响应。
Kim[69]等人采用有理近似法得到了黏弹性阻尼材料的特征参数，并结合优化
准则法得到了附着在振动壳结构表面的最优黏弹性阻尼布局。EI-Sabbagh 以及
Baz[70]建立了包含弹性基层和黏弹性材料层的复合板结构的有限元模型，依据
拓扑优化的思想，以最大化复合结构模态阻尼比为目标，优化了板表面黏弹性
层的厚度。Yamamoto[71]等人提出了以最大化自由黏弹性阻尼材料的模态阻尼损
耗因子为目标的拓扑优化模型，采用了实模态来计算复合结构的模态阻尼损耗
因子（忽略黏弹性阻尼层的质量）。Delgado 和 Hamdaoui[72]采用水平集方法对
三维黏弹性结构以及二维自由黏弹性阻尼层进行拓扑优化。大多数关于黏弹性
材料优化的研究都集中于频域，Yun 和 Youn[73]首次研究了瞬态激励下自由黏弹
性阻尼结构的拓扑优化（时域分析）。然而以上研究均为黏弹性阻尼材料抑制
结构振动的优化研究，并没有考虑声腔与结构的耦合。另一方面，关于声振耦
合系统的拓扑优化工作，大多采用传统结构材料作为拓扑对象，包括内声场优
化研究和外声场声辐射优化研究，所采用的研究方法均为有限元法和边界元法，
研究频率区间也局限于低频范围。

  基于以上论述，中频范围内，利用黏弹性阻尼材料的优化布局来降低声振
耦合系统内部噪声的工作具有重要的研究价值。本章以统计模态能量分布分析
模型为载体，对中频声振耦合系统的自由黏弹性阻尼结构进行了布局优化研究。
以声腔子系统总能量为优化目标，在限定阻尼材料用量的情况下，通过合理安
排黏弹性阻尼材料在基体结构上的布局，最大化地降低声腔子系统总能量。

5.2 考虑黏弹性阻尼效应的统计模态能量分布分析理论

5.2.1 黏弹性阻尼材料的本构关系

  黏弹性材料的力学特性依赖于温度及激励频率 ω，稳态条件下材料的应力、
应变都随时间变化而改变，即

$$\begin{cases} \sigma_{\text{visc}}(\omega,t) = \sigma_{\text{visc}}(\omega)\mathrm{e}^{\mathrm{j}\omega t} \\ \varepsilon_{\text{visc}}(\omega,t) = \varepsilon_{\text{visc}}(\omega)\mathrm{e}^{\mathrm{j}\omega t} \end{cases} \tag{5.1}$$

  恒温条件下，黏弹性材料应力与应变的本构关系可以表示为

$$\sigma_{\text{visc}}(\omega) = E_{\text{visc}}^{*}(\omega)\varepsilon_{\text{visc}}(\omega) \tag{5.2}$$

式中 $E_{\text{visc}}^{*}(\omega)$——黏弹性材料的复数弹性模量，其值取决于外力的角频率 ω；

   $\sigma_{\text{visc}}(\omega)$——黏弹性材料的应力幅值。

$\varepsilon_{\mathrm{visc}}(\omega)$ ——黏弹性材料的应变幅值。

频域内复数的弹性模量可以由时域内的弹性松弛模量 $E_{\mathrm{visc}}(t)$ 经过傅里叶变换得到，即

$$E_{\mathrm{visc}}^{*}(\omega) = \mathrm{j}\omega \int_{0}^{\infty} E_{\mathrm{visc}}(t)\,\mathrm{e}^{-\mathrm{j}\omega t}\,\mathrm{d}t \tag{5.3}$$

复数的弹性模量可以分解为实部和虚部，即

$$E_{\mathrm{visc}}^{*}(\omega) = E_{\mathrm{visc}}^{\mathrm{real}}(\omega) + \mathrm{j}E_{\mathrm{visc}}^{\mathrm{imag}}(\omega) \tag{5.4}$$

其中实部项被称为储存模量，虚部项被称为损失模量，两者的比值被称为材料阻尼损耗因子 $\eta_{\mathrm{mat}}(\omega)$，具体的表达式为

$$\eta_{\mathrm{mat}}(\omega) = \frac{E_{\mathrm{visc}}^{\mathrm{imag}}(\omega)}{E_{\mathrm{visc}}^{\mathrm{real}}(\omega)} \tag{5.5}$$

5.2.2　模态阻尼损耗因子的计算

统计模态能量分布分析模型中三个关键的模态参数影响着模态之间的耦合强度，分别为模态角频率、模态振型以及模态阻尼损耗因子。在基体结构的表面铺施黏弹性材料会直接影响整体结构的质量及刚度矩阵，进一步改变结构的特征值方程，最终导致结构子系统整体模态参数的改变。施加黏弹性阻尼材料的结构子系统的特征方程为

$$\left| \boldsymbol{K}_{\mathrm{ba}} + \boldsymbol{K}_{\mathrm{visc}}^{*}(\omega) - \lambda_{m}^{*}(\omega)\left(\boldsymbol{M}_{\mathrm{ba}} + \boldsymbol{M}_{\mathrm{visc}}^{*}(\omega) \right) \right| = \boldsymbol{0} \tag{5.6}$$

式中　　$\boldsymbol{K}_{\mathrm{ba}}$ ——基体结构的刚度矩阵；

$\boldsymbol{K}_{\mathrm{visc}}^{*}(\omega)$ ——黏弹性阻尼层的刚度矩阵；

$\lambda_{m}^{*}(\omega)$ ——结构子系统的 m 阶特征值；

$\boldsymbol{M}_{\mathrm{ba}}$ ——基体结构的质量矩阵；

$\boldsymbol{M}_{\mathrm{visc}}^{*}(\omega)$ ——黏弹性阻尼层的质量矩阵。

由于黏弹性阻尼材料的存在，结构子系统的总体刚度阵、质量阵均为频率的函数，因此式（5.6）为一典型的非线性特征值方程。然而进入中频甚至高频区间，黏弹性材料的弹性模量变化逐渐趋于平缓，每 1/3 倍频程内的变化相对较小，因此每个频带内的弹性模量可以取为常数，进而将随频率变化的特征值问题转换为频率固定的特征值问题[23]，即

$$\left| \boldsymbol{K}_{\mathrm{ba}} + \boldsymbol{K}_{\mathrm{visc}}^{*}(\Delta\omega) - \lambda_{m}^{*}(\Delta\omega)\left[\boldsymbol{M}_{\mathrm{ba}} + \boldsymbol{M}_{\mathrm{visc}}^{*}(\Delta\omega) \right] \right| = \boldsymbol{0} \tag{5.7}$$

$\boldsymbol{K}_{\mathrm{visc}}^{*}(\Delta\omega)$、$\boldsymbol{M}_{\mathrm{visc}}^{*}(\Delta\omega)$ 和 $\lambda_{m}^{*}(\Delta\omega)$ 分别表示频率平均后的特征参数。

结构子系统的模态阻尼损耗因子 η_{m} 可以采用复数特征值方法进行求解[74]。

$$\eta_{m} = \frac{\mathrm{Im}(\lambda_{m}^{*})}{\mathrm{Re}(\lambda_{m}^{*})} \tag{5.8}$$

即 m 阶模态阻尼损耗因子可以表示为 m 阶特征值的虚部与实部的比值。模态阻尼损耗因子源于复数特征值方程的求解，对应得出的角频率和模态振型同样也表现为复数形式。由于黏弹性材料的轻质特点，其相对基体结构的质量可以忽略不计，因此黏弹性层的质量对复合结构整体的角频率、模态振型影响相对较小。也就是说，保守系统（无黏弹性阻尼材料）的角频率及模态近似等于耗散系统（施加黏弹性层）的角频率及模态的实部[71]，这样每次计算只需要进行一次复数特征值分析即可得到全部模态参数（根据复数特征值方程求解模态阻尼损耗因子，同时得到复数的角频率和模态振型，然后再提取角频率和模态振型的实部进行下一步计算）。

5.3 黏弹性阻尼材料的布局优化

材料布局优化的最终目的是得出清晰的 0 – 1 拓扑分布，这种 0 – 1 二值优化问题属于整数规划问题，或更一般的离散规划问题的一种。为解决这一问题，可以将离散规划模型转换为连续规划数值模型，比较有代表性的是变密度方法（solid isotropic material with penalization，SIMP），将优化模型中的设计变量放松至 0 到 1 之间的连续变量，通过材料插值模型对设计变量的数值逼近效果使所有设计变量最终收敛于 0 – 1 解，这种数值逼近作用称为"惩罚"。然而通过数值案例的优化结果显示，单纯借助变密度模型的惩罚效果不能保证所有设计变量都收敛至 0 – 1。因此引入 Heaviside 函数进一步加大对设计变量的惩罚力度，确保得到清晰的、具有工程实际意义的最优布局方案。

5.3.1 变密度方法及体积守恒的 Heaviside 函数

中频甚至高频区间，需要提供大量的单元来捕捉结构振动的空间变化，为每个单元安排一个设计变量会大幅提升计算成本，而且以单元为尺度来设计材料的布局在实际制造中也会带来一定的困难。依照布局优化的理念，首先将整体设计域分成若干个固定的子域，决定黏弹性材料在每个子域的有无，进而得到基体结构表面阻尼材料的布局结果，1 代表该子域铺设阻尼材料，0 表示无阻尼材料。本章采用了变密度方法建立设计变量与设计材料间的插值关系，进而将二进制离散优化问题转变成连续函数优化问题，其中修正 SIMP 模型的具体表达式为[75]

$$\rho_i = x_i' \rho_0 \tag{5.9}$$

式中　　x_i'——惩罚后 i 号设计子域中材料的体积比，取值范围从 0 至 1；

ρ_i——材料的等效密度；

ρ_0——材料的实际密度。

$$E_i(x_i') = E_{\min} + (x_i')^k(E_0 - E_{\min}), \ x_i' \in [0,1] \tag{5.10}$$

式中　E_i——材料的等效弹性模量；

E_0——材料的实际弹性模量；

$E_{\min}$——为避免出现奇异刚度阵而设定的较小参数，这里取 $E_{\min} = 0.001E_0$；

k——体积比的惩罚因子，通常取 $k = 3$[76]。

虽然 SIMP 模型对设计变量的惩罚性在一定程度上可以令设计变量收敛时尽可能地趋近于 0 - 1 边界，但实际操作过程中依然存在一些灰度区域（目标函数收敛后某些设计变量依然位于 0 和 1 之间）。因此引入一种体积守恒的 Heaviside 函数[77]，将惩罚后设计子域中材料的体积比 x_i' 与惩罚前的体积比 x_i（设计变量）之间建立进一步的惩罚关系

$$x_i' = \begin{cases} \theta[e^{-\alpha(1-x_i/\theta)} - (1 - x_i/\theta)e^{-\alpha}] & 0 \leq x_i \leq \theta \\ (1-\theta)[1 - e^{-\alpha(x_i-\theta)/(1-\theta)} + (x_i-\theta)e^{-\alpha}/(1-\theta)] + \theta & \theta \leq x_i \leq 1 \end{cases}$$

$$\tag{5.11}$$

图 5.1 显示了不同 α 和 θ 条件下的 Heaviside 函数，不难看出 α 可以控制函数的斜率，代表对设计变量的惩罚程度。然而惩罚前后，材料的总体积可能因此发生变化，必须施加适当的约束条件来维持惩罚后材料的用量，即

$$\sum_{i=i}^{N} x_i'V_i = \sum_{i=i}^{N} x_iV_i \tag{5.12}$$

式中　V_i——i 号设计子域的体积；

N——全部设计子域的数量。

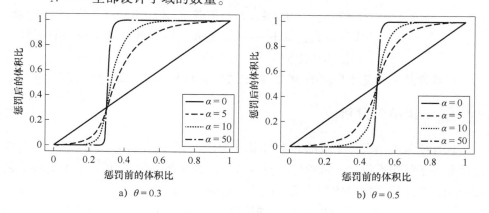

a) $\theta = 0.3$　　　　b) $\theta = 0.5$

图 5.1　不同 α 的体积守恒 Heaviside 函数

可以看出式（5.12）中只有一个未知参数 θ，每次迭代可以通过二分法进行求解[77]。实际操作过程中，需将式（5.11）中的 α 取一个较小的值，随着迭代步数的增加逐渐增大（本章的数值计算实例，首次迭代 $\alpha = 1$，每 10 次迭代 α 增加 3 倍）。这里需要补充的是，我们采用的基于体积守恒的 Heaviside 函数不同于原始 Heaviside 函数[78]和修正 Heaviside 函数[75]，这两种 Heaviside 函数均具有惩罚设计变量，减少灰度区域的功能，但优化后可能出现设计材料体积超出约束范围的情况。原始 Heaviside 函数致力于将设计变量向 1 惩罚，即尽可能地使收敛后灰度区域的体积比趋于 1，而修正的 Heaviside 函数则倾向于将设计变量惩罚至 0，体积守恒的 Heaviside 函数引入了体积守恒条件，可以保证优化后黏弹性阻尼材料的体积限制在约束值附近。

5.3.2 优化模型

本章的优化问题可以描述为在所关心频带内，在黏弹性阻尼材料用量有约束的情况下，通过合理安排黏弹性层的布局来使耦合系统内声腔子系统总能量降至最低，优化模型的数学表达式为

$$最小化： \quad E_{aco}(\boldsymbol{x})$$

$$约束： \quad \begin{cases} M_{visc}(\boldsymbol{x}) \leq f_{visc}M_0 \\ 0 < \boldsymbol{x}_{min} \leq \boldsymbol{x} \leq 1 \end{cases} \tag{5.13}$$

式中　$E_{aco}(\boldsymbol{x})$——所关心频带内声腔子系统的总能量；

$M_{visc}(\boldsymbol{x})$——黏弹性阻尼材料的总质量；

f_{visc}——阻尼材料的总体积分数；

M_0——允许的材料最大质量，即每个设计子域内均施加阻尼材料；

$\boldsymbol{x}_{min}$——$\boldsymbol{x}$ 的下限，为避免出现数值奇异，拟定为一个接近于 0 的小数；

$\boldsymbol{x}$——设计变量，即 Heaviside 函数惩罚前各设计子域内黏弹性材料的体积比 $\boldsymbol{x} = [x_1 \cdots x_i \cdots x_N]^T$。

本章继续采用基于梯度的 MMA 算法对优化模型［式（5.13）］进行求解。

5.3.3 灵敏度分析

目标函数关于设计变量的导数可以分为两个部分，一部分为声腔子系统模态能量关于惩罚后设计子域内阻尼材料体积比的导数，另一部分与 Heaviside 函数相关，为惩罚后材料体积比关于设计变量的导数，即

$$\frac{\partial E_{aco}}{\partial x_i} = \sum \frac{\partial \boldsymbol{E}_2}{\partial x_i} = \sum \frac{\partial \boldsymbol{E}_2}{\partial x_i'} \frac{\partial x_i'}{\partial x_i} \tag{5.14}$$

由 Heaviside 函数的表达式可以得出

$$\frac{\partial x_i'}{\partial x_i} = \begin{cases} \alpha e^{-\alpha(1-x_i/\theta)} + e^{-\alpha} & 0 \leqslant x_i \leqslant \theta \\ \alpha e^{-\beta(x_i-\theta)/(1-\theta)} + e^{-\alpha} & \theta \leqslant x_i \leqslant 1 \end{cases} \tag{5.15}$$

假设系统外部激励只作用于结构子系统，则式（2.12）中 $\boldsymbol{\Pi}_2 = \boldsymbol{0}$，进而不难得到声腔子系统模态能量关于惩罚后阻尼材料体积比的导数

$$\frac{\partial \boldsymbol{E}_2}{\partial x_i'} = (\boldsymbol{C}_{22} - \boldsymbol{C}_{21}\boldsymbol{C}_{11}^{-1}\boldsymbol{C}_{12})^{-1} \left\{ -\frac{\partial \boldsymbol{C}_{21}}{\partial x_i'}\boldsymbol{C}_{11}^{-1}\boldsymbol{\Pi}_1 - \boldsymbol{C}_{21}\frac{\partial(\boldsymbol{C}_{11}^{-1})}{\partial x_i'}\boldsymbol{\Pi}_1 - \boldsymbol{C}_{21}\boldsymbol{C}_{11}^{-1}\frac{\partial \boldsymbol{\Pi}_1}{\partial x_i'} - \right.$$
$$\left. \left[\frac{\partial \boldsymbol{C}_{22}}{\partial x_i'} - \frac{\partial \boldsymbol{C}_{21}}{\partial x_i'}\boldsymbol{C}_{11}^{-1}\boldsymbol{C}_{12} - \boldsymbol{C}_{21}\frac{\partial(\boldsymbol{C}_{11}^{-1})}{\partial x_i'}\boldsymbol{C}_{12} - \boldsymbol{C}_{21}\boldsymbol{C}_{11}^{-1}\frac{\partial \boldsymbol{C}_{12}}{\partial x_i'} \right]\boldsymbol{E}_2 \right\}$$
$$\tag{5.16}$$

其中耦合系数矩阵内包含子系统的模态信息和模态耦合系数，以及模态耦合系数关于惩罚后阻尼材料体积比的导数。模态耦合系数关于惩罚后阻尼材料体积比的导数可以表示为

$$\frac{\partial \beta_{mn}}{\partial x_i'} = \frac{\partial \beta_{mn}}{\partial \omega_m}\frac{\partial \omega_m}{\partial x_i'} + \frac{\partial \beta_{mn}}{\partial \omega_n}\frac{\partial \omega_n}{\partial x_i'} + \frac{\partial \beta_{mn}}{\partial \boldsymbol{U}_m}\frac{\partial \boldsymbol{U}_m}{\partial x_i'} + \frac{\partial \beta_{mn}}{\partial \boldsymbol{P}_n}\frac{\partial \boldsymbol{P}_n}{\partial x_i'} + \frac{\partial \beta_{mn}}{\partial \eta_m}\frac{\partial \eta_m}{\partial x_i'} + \frac{\partial \beta_{mn}}{\partial \eta_n}\frac{\partial \eta_n}{\partial x_i'}$$
$$\tag{5.17}$$

式（5.17）包含了对偶模态规划假设：系统解耦后，结构子系统阻尼材料体积比的改变不影响声腔子系统的模态参数，即式（5.17）中 $\partial \omega_n / \partial x_i'$、$\partial \boldsymbol{P}_n / \partial x_i'$ 和 $\partial \eta_n / \partial x_i'$ 均为 0。$\partial \beta_{mn} / \partial \omega_m$、$\partial \beta_{mn} / \partial \boldsymbol{U}_m$ 以及 $\partial \beta_{mn} / \partial \eta_m$ 均可以根据式（2.11）得出解析的导数形式。而模态参数的导数则很难采用解析法求得，尤其在中、高频区间，一个频带内拥有较多的模态。由于商用软件的使用，可以在一次特征值计算中提取频带内全部的模态参数，可以采用有限差分法进行模态参数的灵敏度分析。首先根据结构子系统复数的质量阵及刚度阵求解出各阶模态阻尼损耗因子 η_m，同时提取复数的角频率及模态振型，只取对应的实数部分可以近似得到保守系统下的结构子系统角频率和模态振型，差分法求解导数的计算式为

$$\frac{\partial \omega_m}{\partial x_i'} = \frac{\Delta \omega_m}{\Delta x_i'}, \frac{\partial \boldsymbol{U}_m}{\partial x_i'} = \frac{\Delta \boldsymbol{U}_m}{\Delta x_i'}, \frac{\partial \eta_m}{\partial x_i'} = \frac{\Delta \eta_m}{\Delta x_i'} \tag{5.18}$$

结构子系统模态注入功的灵敏度也与结构子系统模态的导数相关，依然采用有限差分法求解，即

$$\frac{\partial \boldsymbol{\Pi}_m^{\mathrm{inj}}}{\partial x_i'} = \frac{\pi S_{\mathrm{FF}}}{2M_m}[\boldsymbol{U}_m(\varepsilon)]\left[\frac{\partial \boldsymbol{U}_m(\varepsilon)}{\partial x_i'}\right] = \frac{\pi S_{\mathrm{FF}}}{2M_m}[\boldsymbol{U}_m(\varepsilon)]\left[\frac{\Delta \boldsymbol{U}_m(\varepsilon)}{\Delta x_i'}\right] \tag{5.19}$$

5.3.4　黏弹性阻尼材料布局优化流程

本节简述布局优化的具体步骤：第一步，给定各个设计子域的初始设计变

量 x_i。第二步，将设计变量输入体积守恒的 Heaviside 函数获得惩罚后各设计子域的阻尼材料的体积比 x_i'。第三步，将惩罚后体积比带入修正的 SIMP 模型得到阻尼材料的特性参数 $\rho_i(x_i')$、$E_i(x_i')$。第四步，根据所得材料参数进行特征值计算，先提取耗散子系统的模态阻尼损耗因子 η_m 及 η_n，接着计算保守子系统的角频率及模态振型 ω_m、ω_n、U_m、P_n。第五步，将各子系统的模态参数输入SmEdA 模型，计算当前目标函数。第六步，进行灵敏度分析。第七步，将目标函数与灵敏度信息输入 MMA 求解器，更新设计变量直至收敛。图 5.2 显示了黏弹性阻尼材料的布局优化流程。

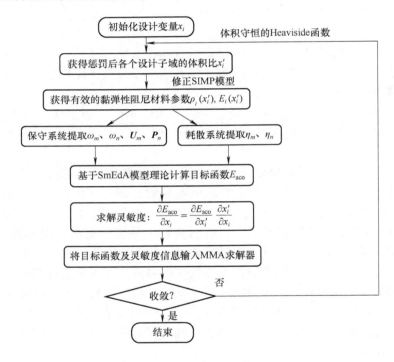

图 5.2　黏弹性阻尼材料的布局优化流程图

5.4　数值计算实例

5.4.1　板/腔耦合系统的黏弹性阻尼材料布局优化

图 5.3 显示了附着自由黏弹性层的矩形钢板与一立方体声腔耦合的有限元模型。钢板的表面尺寸为 $0.5\mathrm{m}\times0.6\mathrm{m}$，厚度 2mm，被划分成 50×60 个四边形

壳单元。钢板上部铺设了 9mm 的黏弹性阻尼材料，包含 $50 \times 60 \times 3$ 个六面体实体单元（黏弹性材料在厚度方向具有 3 层网格）。立方体声腔高 0.7m，内部充满空气，声腔被划分为 $50 \times 60 \times 70$ 个六面体实体单元，与结构的耦合面网格划分一致。假定钢板四边固支于立方体声腔，一个白噪声点激励 F 作用于钢板 $(0.35, 0.25, 0.7)$ 位置。钢板与声腔内空气的材料参数与 2.4.1 节相同，空气的阻尼损耗因子 η_{air} 取 0.001。

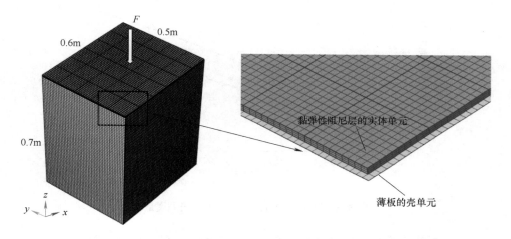

图 5.3　板/腔耦合有限元模型及壳 – 实体网格连接示意图

　　黏弹性层与钢板的连接通过 COMSOL 软件内置的"实体-壳"连接界面进行模拟，具体的连接类型设定为"实体与壳共享边界"，并且重新设定壳单元的中性层为"实体-壳"连接界面的下端。复数环境下的非线性特征值计算采用 COMSOL 内置的特征值 MUMPS（multifrontal massively parallel sparse direct solver）求解器。COMSOL 将非线性特征值问题转化为一个二次近似特征值问题，通过将这个二次近似特征值问题重新生成近似的线性特征值公式，最后采用直接法计算求解。此外，在软件的结果输出端口处设置输出的特征向量与质量阵正交。

　　由于空气阻尼的量级远小于结构阻尼，于是将声腔子系统模态的阻尼损耗因子假定为较小的常数（本章取 0.001）。黏弹性阻尼材料的密度 ρ_{visc} 及泊松比 ν_{visc} 分别为 $1060\mathrm{kg/m^3}$ 和 0.45。考虑黏弹性阻尼的频率相关性，弹性模量 E_{visc}^* 表现为随频率变化的复数。这里选用经典的 Maxwell 模型来模拟黏弹性材料随频率的变化关系，具体数据来源于 Park[79] 的实验数据。图 5.4 描绘了储存模量（实部）及损失模量（虚部）关于频率的函数关系。可以看到，随频率的增长，E_{visc}^* 的变化速率明显放缓，因此取每个 1/3 倍频程内参数的平均值进行特征值计算。本节优化计算实例包含了 1000Hz、1250Hz、1600Hz 以及 2000Hz 1/3 倍频程四个分析频带。由图 5.3 可知，黏弹性层被分为 30 个面积相等的子域，黏弹性阻尼材料的用量限定在固定设计域的 50%，即式（5.13）中 $f_{\text{visc}}=0.5$。每个子域包含 100×3 个实体单元，每个子域的初始设计变量拟定为 $x_i=0.5$，为避免出现数值奇异性，设计变量的下限设置为 1×10^{-5}。

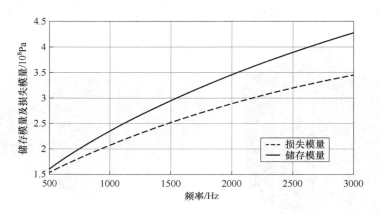

图 5.4　黏弹性材料的储存模量及损失模量

图 5.5 显示了 1000Hz 1/3 倍频程范围内声腔子系统总能量的迭代曲线。可以看出，声控子系统总能量在前 20 次迭代中迅速下降，在第 21 和 31 次迭代处声腔子系统总能量出现了陡增，随后的 10 次迭代继续逐渐下降。这种振荡现象主要源自 Heaviside 函数中的控制参数 α 随迭代的进行而发生变化，例如第 31 次迭代 α 从 9 上升到 27，导致了两次相邻迭代步中对设计变量的惩罚程度不同。类似的振荡现象也出现在 Xu[77] 等人的研究中。经历 40 次声腔子系统总能量下降的迭代后，声腔子系统总能量出现了升高并在第 53 步收敛至稳定值。这种现象是因为中间过程某些设计变量依然处于 0 和 1 之间，需要进一步加大惩罚力度才可以保证全部设计变量均逼近于 0-1 边界。例如第 41 次迭代，声腔子系统总能量降到最低的 81.31dB，此时有 5 个子域的设计变量没有收敛至规定边界，42 至 51 次迭代之间依然存在两个灰度区域，直到程序运行至 53 次迭代时，设计变量全部运动至规定的 0-1 边界。因此在引入 Heaviside 函数的布局优化中，可能出现收敛结果高于中间迭代结果的情况。

表 5.1 列出了优化前后声腔子系统总能量的变化情况，其中 1000Hz 和 1600Hz 1/3 倍频程内的能量降低较为明显，分别降低了 17.49dB 和 15.24dB。优化前后结构子系统的模态数量发生一定的变化，初始状态四个频带内的模态

数量分别为 9、13、18 和 20，优化后的模态数量分别为 9、11、14、18。声腔子系统的特性在优化过程中没有发生变化，因此其模态数量在优化前后保持不变，具体模态数量为 21、43、77 和 146。图 5.6 显示了四个频带内黏弹性阻尼材料的最优布局，由于采用了体积守恒的 Heaviside 函数，可以发现每个频带内的阻尼材料用量均为固定域的 50%，即收敛时材料体积位于约束上限。优化模型中的体积约束为总体设计域的 50%，其材料用量与将初始设计域厚度一半的黏弹性阻尼材料均匀铺设在结构表面时相同。表 5.1 中同时列出了 4.5mm 厚度的黏弹性阻尼材料均匀铺设状态时的声腔子系统总能量。可以看到，在材料用量相同的情况下，优化后的声腔子系统总能量要比均匀铺设 4.5mm 厚的黏弹性阻尼材料在分贝量级上降低 4.13% 至 12.16%。

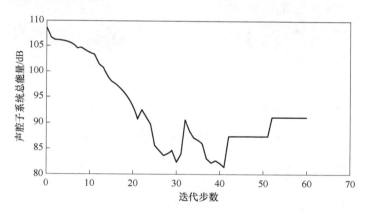

图 5.5　1000Hz 1/3 倍频程内声腔子系统总能量的迭代过程（初始设计变量为 0.5）

表 5.1　优化前后声腔子系统总能量的变化

频带/Hz（1/3 倍频程）		1000	1250	1600	2000
声腔总能量/dB	初始状态	108.55	109.19	107.11	106.83
	优化后	91.06	100.56	91.87	98.05
	4.5mm 均匀铺设	103.67	104.90	102.20	103.11

　　为了研究以上优化结果中的初始值依赖性，将设计变量的初始值均设为 1，即初始状态每个设计子域均铺设阻尼材料，图 5.7 给出了 1000Hz 1/3 倍频程内的目标函数迭代过程。经过初始的 10 次迭代，阻尼材料的用量被"拉回"至约束条件范围内，随后目标函数值逐渐降低并收敛。并且优化后的设计变量分布结果与变量初始值取 0.5 的结果（图 5.6）维持一致。

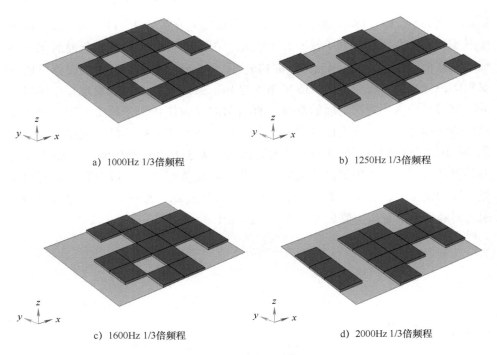

a) 1000Hz 1/3倍频程

b) 1250Hz 1/3倍频程

c) 1600Hz 1/3倍频程

d) 2000Hz 1/3倍频程

图5.6　四个频带内黏弹性阻尼材料的最优布局

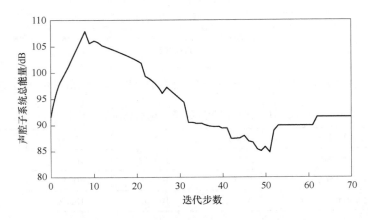

图5.7　1000Hz 1/3倍频程内声腔子系统总能量的迭代过程（初始设计变量为1）

　　耦合子系统之间的模态能量传递强弱用模态耦合系数 β_{mn} 来衡量。为了分析黏弹性阻尼材料的优化布局对模态耦合强度的影响，图5.8给出了四个频带内优化前后模态耦合系数的变化。图中横轴表示结构子系统的模态阶数，纵轴表示声腔子系统的模态阶数。首先可以发现随着频率的升高，两子系统内的模态数量逐渐增长，即越来越多的模态参与能量传递。同时，随频率升高每个频带内耦合系数的最大值呈现逐渐减小之势，也就是说，数量越多的模态参与耦合，在一定程度上会削减单个模态耦合强度的峰值。

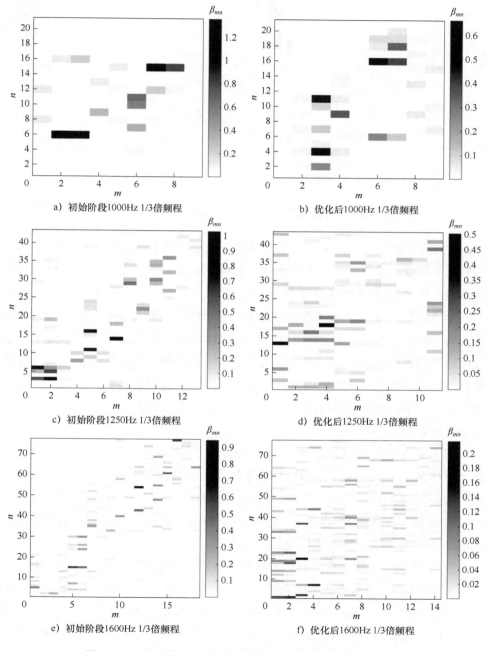

图 5.8　四个频带内的模态耦合系数（初始设计变量为 0.5）

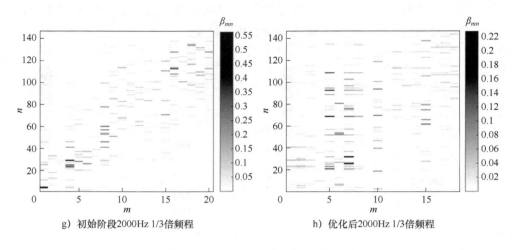

g）初始阶段2000Hz 1/3倍频程   h）优化后2000Hz 1/3倍频程

图5.8　四个频带内的模态耦合系数（初始设计变量为0.5）（续）

　　比较优化前后每个频带内的模态耦合系数，可以观察到优化前的模态耦合系数拥有较强的峰值，并且集中于对角区域（图5.8a、c、e、g）。优化后每个频带内的模态耦合强度均得到降低，β_{mn}的最高值由1.2、1、0.9、0.55降到0.6、0.5、0.2、0.22，此外非对角区域的耦合强度明显增大，初始阶段这些位置的模态耦合系数几乎为0。可以说明黏弹性材料的最优布局不仅降低了子系统间模态耦合强度的峰值，而且促进了更多的模态参与能量传递，均匀化的效果显现出来。改变黏弹性阻尼材料的布局形式可以直接影响结构子系统的角频率、模态振型以及模态阻尼损耗因子，这些控制参数的变化共同决定了模态耦合强度的改变。

　　图5.9表示各个设计子域内均匀铺设4.5mm阻尼材料时的模态耦合系数。总体来看，均匀铺设下的模态耦合系数的最大值接近于优化后的情况（对比图5.8b、d、f、h）。例如1000Hz、2000Hz 1/3倍频程内均匀铺设状态的最大耦合系数为0.55和0.2，略低于优化后的情况，而1600Hz 1/3倍频程内的最大耦合系数则略高于优化后。

　　图5.10显示了优化前后前两个频带内声腔子系统模态能量的分布情况（彩色图见书后插页）。蓝色条形图表示4.5mm厚度黏弹性材料均匀铺设于结构表面时的模态能量，红色条形图及黄色条形图分别显示了各设计子域的初始变量为0.5时，优化前后的模态能量。可以看出，初始状态下模态能量的分布很不均匀，1000Hz 1/3倍频程内较高的模态能量处于75dB以上，如1、2、4、5、

7、8、10、11、12、15 及 21 阶模态，其他模态能量则全部低于 0（图中省略了 10^{-12} J 以下的模态能量）。优化后较高的模态能量明显降低，而初始能量为 0 的模态反而增长至正值。可见黏弹性阻尼材料的合理分布会带来更加均匀的模态能量分布。优化后 1、7、8、10、11、12、15 及 21 阶模态能量的显著降低为声腔子系统总能量的降低贡献较大。此外，优化后的模态能量比均匀铺设状态对应的能量分布更加均匀，并且均匀铺设状态对应的模态能量大多分布于"初始 f_{visc} = 0.5"以及"优化后 f_{visc} = 0.5"之间，例如 1000Hz 1/3 倍频程内的 1、2、4、8、11、12、15、21 阶模态。最后可以得出这样的结论：最优的黏弹性阻尼布局可以使子系统间的模态耦合强度趋于均匀分布，进而产生了更加均匀的声腔子系统模态能量分布。

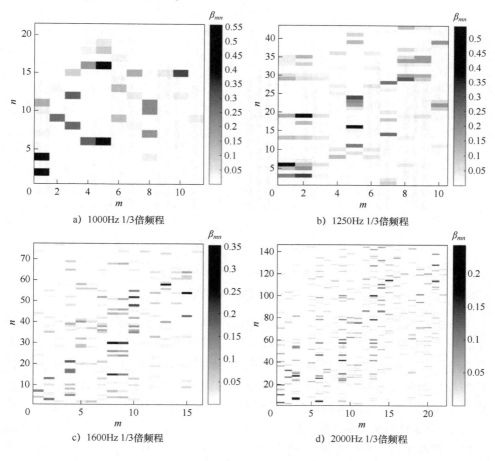

a) 1000Hz 1/3 倍频程　　b) 1250Hz 1/3 倍频程

c) 1600Hz 1/3 倍频程　　d) 2000Hz 1/3 倍频程

图 5.9　四个频带内的 4.5mm 厚度黏弹性材料均匀铺设于结构表面的模态耦合系数

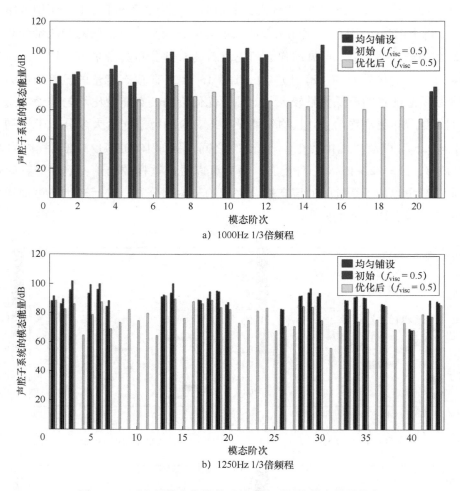

a) 1000Hz 1/3倍频程

b) 1250Hz 1/3倍频程

图 5.10 两个频带内优化前后的声腔子系统模态能量分布

注：彩色图见书后插页。

为了比较设计子域数目对优化结果的影响，将设计子域的数量增加到 120 个，图 5.11 给出了四个频带内的最优阻尼材料布局，优化后的目标函数见表 5.2。由于外载荷关于 x 轴对称，在给出足够多设计变量的情况下，阻尼材料的最优布局也呈现出了相应的对称性。对比表 5.1 中的 30 个设计变量的优化结果可以看到：除 1000Hz 1/3 倍频程内的声腔子系统总能量降低幅度不及 30 个设计变量得到的结果，其他三个频带的总能量相对 30 个设计变量得到的结果都有少许下降。显然，更多的设计变量数目使优化后的总能量有了进一步的降低。

表 5.2　120 个设计变量计算得到的优化前后声腔子系统总能量

频带/Hz（1/3 倍频程）		1000	1250	1600	2000
总能量/dB	初 始 状 态	108.55	109.19	107.11	106.83
	优 化 后	92.51	99.09	90.54	97.74

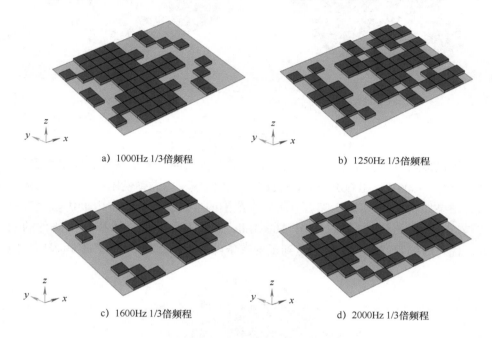

a）1000Hz 1/3倍频程　　　　　　　　　　b）1250Hz 1/3倍频程

c）1600Hz 1/3倍频程　　　　　　　　　　d）2000Hz 1/3倍频程

图 5.11　四个频带内 120 个设计变量得出的最优布局

5.4.2　汽车乘坐室的黏弹性阻尼材料布局优化

图 5.12 所示为汽车乘坐室的简化模型，一个大小为 10N 的白噪声点激励 F 作用在车体顶部。车顶为曲壳结构，四边固支。除了车顶外，车体内的所有边界均假定为声场硬边界。为了充分降低乘坐室内部噪声，在车顶上部铺设黏弹性阻尼材料，根据建立的布局优化程序来设计黏弹性阻尼材料的最优布置方案。车顶曲壳结构的厚度为 3mm，被离散成 4800 个三角形壳单元，附着的黏弹性层的厚度为 8mm，划分成 4800 个棱柱单元，声腔划分成 553758 个四面体实体单元，黏弹性层与车顶壳结构的接触面以及结构子系统整体与声腔的耦合面具有相同网格划分。结构与声腔的材料参数同 5.4.1 节一致，并且黏弹性阻尼材料的用量被限制为固定设计域的 50%。

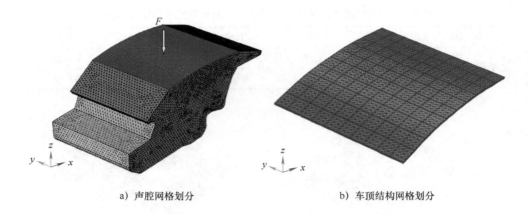

a) 声腔网格划分　　　　　　　　　b) 车顶结构网格划分

图 5.12　点激励作用下某汽车乘坐室

　　车顶被划分为 100 个设计子域,以降低车体内部声腔子系统总能量为目标,分别计算了 800Hz、1000Hz 以及 1250Hz 1/3 倍频程内黏弹性阻尼材料的最优布局,结果如图 5.13 所示。随着分析频率范围的变化,每个频带内最优阻尼材料布局具有不同的分布形式,由于 Heaviside 惩罚函数中材料体积守恒条件的引入,优化后的阻尼材料用量均达到了约束条件的上限。800Hz 1/3 倍频程内,阻

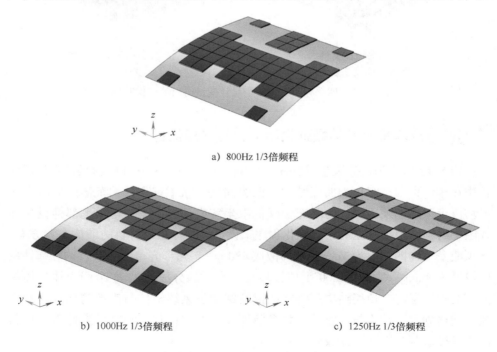

a) 800Hz 1/3倍频程

b) 1000Hz 1/3倍频程　　　　　　　　c) 1250Hz 1/3倍频程

图 5.13　三个频带内黏弹性阻尼材料的最优布局

尼材料大多集中于车顶的中部区域，随着频率的升高，最优布局呈现出了更加分散的趋势，直到 1250Hz 1/3 倍频程，阻尼材料近乎均匀分布在整个车顶。

优化前后声腔子系统总能量的变化列于表 5.3，每个频带内总能量的显著降低说明本章建立的黏弹性阻尼材料布局优化程序同样适用于具有复杂构型的工程结构，可以用于中频阶段汽车 NVH 特性设计。此外，三个频带内，优化前后结构子系统的模态数量由 27、33 及 35 变为 25、29 及 39，声腔子系统的模态数量则保持不变，分别为 99、181 及 334。

表 5.3 优化前后声腔子系统总能量

频带/Hz（1/3 倍频程）		800	1000	1600
总能量/dB	初 始 状 态	105.66	101.46	100.18
	优 化 后	94.36	89.33	90.66

进一步探究优化前后耦合系统的特性变化。图 5.14 和图 5.15 分别给出了 800Hz 1/3 倍频程内模态耦合系数以及声腔子系统模态能量的分布情况。如图 5.14 所示，优化后子系统之间的模态耦合系数显著降低，峰值由 0.3 降到了 0.07，并且非对角区域的数值上升明显，表示更多的模态参与能量传递。最优布局的均匀化效应再次得到体现。从模态能量的分布变化依然可以看到黏弹性阻尼材料的最优布局使得模态能量之间的差异进一步缩小，优化前最高能量与最低能量相差 63.97dB，优化后差距缩短至 58.86dB。此外，总能量的降低依然来源于峰值模态能量的显著减少，例如初始阶段第 5 阶模态能量最高，为 91.83dB 优化后降至 74.17dB。

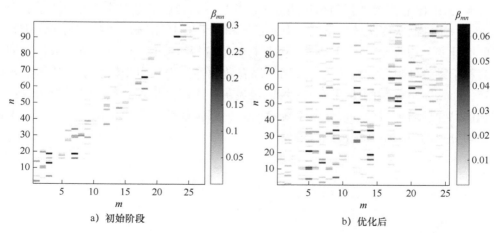

a) 初始阶段　　　　　　　　　　b) 优化后

图 5.14 800Hz 1/3 倍频程内的模态耦合系数

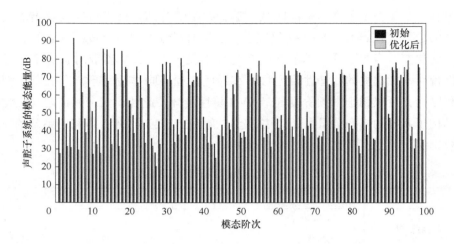

图5.15　800Hz 1/3倍频程内优化前后的声腔子系统模态能量分布

5.5　本章小结

　　本章采用拓扑优化的思想，基于统计模态能量分布分析模型，进行了中频声振耦合系统的黏弹性阻尼材料的布局优化研究。黏弹性阻尼材料参数具有频率相关特性，并且进入中、高频阶段呈现平缓变化的趋势，因此采用了区段平均手段计算出所关心频带内弹性模量的平均值，进而应用复数特征值方法求解出体现模态能量传递衰减的关键参数，即模态阻尼损耗因子。依据拓扑优化中经典的SIMP材料参数插值理论建立了黏弹性材料弹性模量与体积比的关系。为了进一步抑制灰度区域的出现，引入了体积守恒的Heaviside函数，确保优化后的设计变量均收敛于0-1边界，并且材料用量与约束上限保持一致。数值案例表明了黏弹性阻尼材料的优化布局可以有效地降低中频声振耦合系统的内部噪声，Heaviside函数的使用可以有效地避免灰度区域的出现。优化结果显示，最优的黏弹性阻尼布局可以使子系统模态间的耦合强度趋于均匀化，进一步产生均匀分布的声腔子系统模态能量。

第 **6** 章

中频声振耦合系统多孔吸声材料的布局优化

6.1 引言

为满足工业界不断增加的需求，各种形式的阻尼材料逐渐被应用到声振耦合系统的降噪当中。总的来说，在结构表面铺设的阻尼材料可以有效地降低结构振幅，进而起到控制噪声的目的，这种阻尼形式通常被视为"结构阻"。另一种阻尼材料则是直接布置于声振耦合系统的内部声腔，利用材料特有的结构形式使声波在声场内有效地衰减，这种阻尼形式通常被视为"声阻"，其中最典型的就是多孔吸声材料。声波顺着微孔进入材料的内部，引起孔隙中空气的振动，空气的黏滞阻力、空气与孔壁的摩擦和热传导作用等，使相当一部分声能转化为热能而被损耗，最终达到吸声的目的。多孔吸声材料的特性参数也具有随频率变化的特点，Hwang[23]等人分析了多孔吸声材料在中频的参数特征，并且将其应用于声振耦合系统的降噪应用中。

针对多孔吸声材料的优化工作，前人已经开展了一定的研究。Tanneau[80]等人针对包含多孔吸声层内衬的多层板结构进行了层数选择优化以及层间尺寸优化，进而得到最大的声传递系数。Lee[81,82]等人以最大化传递损失系数为目标，优化了包含多孔吸声材料的多层板结构的层间序列，又采用拓扑优化方法得出了二维多孔吸声泡沫的最优形状，进而设计出具有最大吸声系数的复合结构。Yamamoto[83]等人以最小化内声腔的声压级为目标，对包含多孔吸声材料及弹性材料构成的复合吸声结构进行了拓扑优化。以上优化研究均采用 Biot 模型理论来模拟多孔吸声材料的本构关系。然而 Biot 模型包含较多的难以测量的环境参数，为了克服这一问题，很多学者提出了相对简单实用的经验材料模型，如 Delany-Bazley 模型、Miki 模型以及 Allard-Champoux 模型。Yoon[84]基于经验材料模型开发了纤维多孔吸声材料的拓扑优化程序。

根据以上所述，已开展的多孔吸声材料的优化研究大多限制在低频区间，本章主要进行中频范围内多孔吸声材料的布局优化研究。依然以统计模态能量分布分析模型来计算中频声振耦合系统的动力学响应，采用 Delany-Bazley 经验模型来模拟多孔吸声材料随频率的变化特性。引入模态应变动能方法（modal strain and kinetic energy，MSKE)[85]来计算模态阻尼损耗因子，使用该方法可避免复数特征值问题的求解，使优化模型建立于实数体系范围内，为采用精确的灵敏度分析技术（复数变量法）提供有利条件。灵敏度分析的结果显示，采用复数变量法求解得到的声腔子系统模态灵敏度信息比传统的向前差分法，甚至中心差分法都具有更高的准确性。数值计算实例说明了中频声振耦合系统多孔吸声材料布局优化的有效性，从优化结果中发现，多孔材料的最优布局可以得到更加均匀的模态耦合强度及模态能量，并且优化后声腔子系统的模态数量呈减少趋势。

6.2　考虑多孔吸声阻尼效应的统计模态能量分布分析理论

6.2.1　多孔吸声材料的本构关系

多孔吸声域是由具有微小空隙的固体材料以及空隙中的空气组成的，声波激励下空气在固体缝隙中摩擦、振动，进而引起固体材料的变形，两种介质的相互耦合进一步将声能转化成热能耗散出去，最终达到声波衰减的目的。实际操作中通常将两种介质等效为一种，组成等效的多孔吸声域，Yamaguchi[85]等人提出的模型中将声腔内部空气以及等效多孔吸声域的密度和体模量分别表示成复数的形式

$$\begin{cases} \rho_{\text{air}} = \rho_{\text{R,air}} + j\rho_{\text{I,air}} \\ E_{\text{air}} = E_{\text{R,air}} + jE_{\text{I,air}} \\ \rho_{\text{eq}} = \rho_{\text{R,eq}} + j\rho_{\text{I,eq}} \\ E_{\text{eq}} = E_{\text{R,eq}} + jE_{\text{I,eq}} \end{cases} \tag{6.1}$$

式中　$\rho_{\text{R,air}}$、$\rho_{\text{I,air}}$——空气密度的实部和虚部；

$E_{\text{R,air}}$、$E_{\text{I,air}}$——空气体模量的实部和虚部；

$\rho_{\text{R,eq}}$、$\rho_{\text{I,eq}}$——等效多孔吸声域的密度的实部和虚部；

$E_{\text{R,eq}}$、$E_{\text{I,eq}}$——等效多孔吸声域的体模量的实部和虚部。

进一步，介质的体模量又可以表示成密度与声速的函数

$$\begin{cases} E_{\text{air}} = \rho_{\text{air}}(c_{\text{air}})^2 \\ E_{\text{eq}} = \rho_{\text{eq}}(c_{\text{eq}})^2 \end{cases} \tag{6.2}$$

式中 c_{air} 、c_{eq} ——空气和等效多孔吸声域内的声速。

两个域对应的有限元刚度矩阵及质量矩阵可以表示为

$$\begin{aligned} \boldsymbol{M}_{\text{air}} &= \boldsymbol{M}_{\text{R,air}}(1 + j\chi_{\text{air}}) \\ \boldsymbol{K}_{\text{air}} &= \boldsymbol{K}_{\text{R,air}}(1 + j\eta_{\text{air}}) \\ \boldsymbol{M}_{\text{eq}} &= \boldsymbol{M}_{\text{R,eq}}(1 + j\chi_{\text{eq}}) \\ \boldsymbol{K}_{\text{eq}} &= \boldsymbol{K}_{\text{R,eq}}(1 + j\eta_{\text{eq}}) \end{aligned} \tag{6.3}$$

式中 $\boldsymbol{K}_{\text{air}}$ 、$\boldsymbol{M}_{\text{air}}$ ——声腔子系统内空气的刚度矩阵和质量矩阵;

$\boldsymbol{K}_{\text{eq}}$ 、$\boldsymbol{M}_{\text{eq}}$ ——声腔子系统内等效多孔吸声域的刚度矩阵和质量矩阵;

$\boldsymbol{K}_{\text{R,air}}$ 、$\boldsymbol{M}_{\text{R,air}}$ ——空气刚度矩阵和质量矩阵的实部;

$\boldsymbol{K}_{\text{R,eq}}$ 、$\boldsymbol{M}_{\text{R,eq}}$ ——等效多孔吸声域刚度矩阵和质量矩阵的实部。

χ_{air} 、χ_{eq} ——由介质黏性效应而产生的能量耗散;

η_{air} 、η_{eq} ——由介质热效应引起的能量损耗。

$$\begin{cases} \chi_{\text{air}} = \dfrac{\rho_{\text{I,air}}}{\rho_{\text{R,air}}}, \ \eta_{\text{air}} = \dfrac{E_{\text{I,air}}}{E_{\text{R,air}}} \\[3mm] \chi_{\text{eq}} = \dfrac{\rho_{\text{I,eq}}}{\rho_{\text{R,eq}}}, \ \eta_{\text{eq}} = \dfrac{E_{\text{I,eq}}}{E_{\text{R,eq}}} \end{cases} \tag{6.4}$$

由于空气阻尼的量级很小,因此将 χ_{air} 和 η_{air} 假定为较小的常数[23]——0.001。式(6.4)中的4个参数也被称为空气和等效多孔吸声域的材料阻尼损耗因子。

为计算多孔吸声域的各个材料参数随频率的变化关系,引入了 Delany-Bazley 经验材料模型,其模型中各个控制参数是由 Delany 和 Bazley 于 1970 年通过反复试验得出的。等效多孔吸声域的自由空间波数 k_{eq} 和特性阻抗 Z_{eq} 随频率 f 和流阻率 R_f 的关系为

$$\begin{cases} k_{\text{eq}} = k_{\text{R,air}}\left[1 + 0.098\left(\dfrac{\rho_{\text{R,air}}f}{R_f}\right)^{-0.7} - j0.189\left(\dfrac{\rho_{\text{R,air}}f}{R_f}\right)^{-0.595}\right] \\[4mm] Z_{\text{eq}} = Z_{\text{R,air}}\left[1 + 0.057\left(\dfrac{\rho_{\text{R,air}}f}{R_f}\right)^{-0.734} - j0.087\left(\dfrac{\rho_{\text{R,air}}f}{R_f}\right)^{-0.732}\right] \end{cases} \tag{6.5}$$

式中 $k_{\text{R,air}}$ ——空气的自由空间波数,$k_{\text{R,air}} = 2\pi f/c_{\text{R,air}}$。

$Z_{\text{R,air}}$ ——空气的特性阻抗,$Z_{\text{R,air}} = \rho_{\text{R,air}}c_{\text{R,air}}$。

由于空气的阻尼量级较小,故忽略了空气特性参数的虚数部分。根据等效多孔吸声域的波数及特性阻抗不难得出对应的密度、声速以及体模量:

$$\rho_{\text{eq}} = \frac{k_{\text{eq}} Z_{\text{eq}}}{\omega}, \quad c_{\text{eq}} = \frac{\omega}{k_{\text{eq}}}, \quad E_{\text{eq}} = \frac{Z_{\text{eq}} \omega}{k_{\text{eq}}} \tag{6.6}$$

可以注意到，上述的经验材料模型只需要提供一个试验测量参数，即流阻率 R_{f}，因此经验材料模型具有简单、易于操作的特点。然而这里需要强调的是，Delany-Bazley 经验材料模型只有在 $\rho_{\text{R,air}} f / R_{\text{f}}$ 处于 0.01 和 1 之间时，才可以得到较为准确的结果，超过这一范围则无法准确预测等效多孔吸声域的材料参数[86,87]。

6.2.2 模态阻尼损耗因子的求解

基于以上等效多孔吸声域的材料参数以及对应的有限元矩阵，可以得到声腔子系统的复数特征值方程

$$\{ [\boldsymbol{K}_{\text{R,air}}(1 + \text{j}\eta_{\text{air}}) + \boldsymbol{K}_{\text{R,eq}}(1 + \text{j}\eta_{\text{eq}})] - \omega_n^2 (1 + \text{j}\eta_n)$$
$$[\boldsymbol{M}_{\text{R,air}}(1 + \text{j}\chi_{\text{air}}) + \boldsymbol{M}_{\text{R,eq}}(1 + \text{j}\chi_{\text{eq}})] \} \boldsymbol{P}_n = \boldsymbol{0} \tag{6.7}$$

式中　$\omega_n^2 (1 + \text{j}\eta_n)$ ——声腔子系统的 n 阶复数特征值；

　　　　$\boldsymbol{P}_n$ ——声腔子系统的 n 阶复数特征向量。

为了求解以上复数特征值问题，得出 n 阶模态阻尼损耗因子 η_n，采用了一种渐进近似的方法，即模态应变动能法（modal strain and kinetic energy, MSKE）[85]。首先令 η_{max} 表示声腔子系统内各材料阻尼损耗因子的最大值，即

$$\eta_{\text{max}} = \max(\eta_{\text{air}}, \eta_{\text{eq}}, \chi_{\text{air}}, \chi_{\text{eq}}) \tag{6.8}$$

假定 $\eta_{\text{max}} \ll 1$，将式（6.7）内的特征向量、特征值以及模态阻尼损耗因子基于小参数 $\mu = \text{j}\eta_{\text{max}}$ 进行泰勒展开[85]：

$$\begin{cases} \boldsymbol{P}_n = \boldsymbol{P}_{n,0} + \mu \boldsymbol{P}_{n,1} + \mu^2 \boldsymbol{P}_{n,2} + \cdots \\ \omega_n^2 = \omega_{n,0}^2 + \mu^2 \omega_{n,2}^2 + \mu^4 \omega_{n,4}^2 + \cdots \\ \text{j}\eta_n = \mu \eta_{n,1} + \mu^3 \eta_{n,3} + \mu^5 \eta_{n,5} + \cdots \end{cases} \tag{6.9}$$

将展开的具体形式代入式（6.7），并忽略二次以上的高阶项，得到的渐进解满足以下方程。

μ^0 阶：

$$[\boldsymbol{K}_{\text{R,air}} + \boldsymbol{K}_{\text{R,eq}}] - \omega_{n,0}^2 [\boldsymbol{M}_{\text{R,air}} + \boldsymbol{M}_{\text{R,eq}}] \boldsymbol{P}_{n,0} = \boldsymbol{0} \tag{6.10}$$

μ^1 阶：

$$[(\text{j}\eta_{\text{air}} \boldsymbol{K}_{\text{R,air}} + \text{j}\eta_{\text{eq}} \boldsymbol{K}_{\text{R,eq}}) - \omega_{n,0}^2 (\text{j}\chi_{\text{air}} \boldsymbol{M}_{\text{R,air}} + \text{j}\chi_{\text{eq}} \boldsymbol{M}_{\text{R,eq}}) - \mu \omega_{n,0}^2 \eta_{n,1} (\boldsymbol{M}_{\text{R,air}} + \boldsymbol{M}_{\text{R,eq}})]$$
$$\boldsymbol{P}_{n,0} + \mu [(\boldsymbol{K}_{\text{R,air}} + \boldsymbol{K}_{\text{R,eq}}) - \omega_{n,0}^2 (\boldsymbol{M}_{\text{R,air}} + \boldsymbol{M}_{\text{R,eq}})] \boldsymbol{P}_{n,1} = \boldsymbol{0} \tag{6.11}$$

将式（6.10）及式（6.11）分别左乘 $\boldsymbol{P}_{n,1}^{\text{T}}$ 和 $\boldsymbol{P}_{n,0}^{\text{T}}$，并且考虑总体刚度阵 $\boldsymbol{K}_{\text{R,air}} + \boldsymbol{K}_{\text{R,eq}}$ 和质量阵 $\boldsymbol{M}_{\text{R,air}} + \boldsymbol{M}_{\text{R,eq}}$ 的对称性，可以得到

$$\mathrm{j}\eta_n \approx \mu\eta_{n,1}$$
$$= \frac{\boldsymbol{P}_{n,0}^{\mathrm{T}}(\mathrm{j}\eta_{\mathrm{air}}\boldsymbol{K}_{\mathrm{R,air}} + \mathrm{j}\eta_{\mathrm{eq}}\boldsymbol{K}_{\mathrm{R,eq}})\,\boldsymbol{P}_{n,0} - \omega_{n,0}^2\,\boldsymbol{P}_{n,0}^{\mathrm{T}}(\mathrm{j}\chi_{\mathrm{air}}\boldsymbol{M}_{\mathrm{R,air}} + \mathrm{j}\chi_{\mathrm{eq}}\boldsymbol{M}_{\mathrm{R,eq}})\,\boldsymbol{P}_{n,0}}{\omega_{n,0}^2\,\boldsymbol{P}_{n,0}^{\mathrm{T}}(\boldsymbol{M}_{\mathrm{R,air}} + \boldsymbol{M}_{\mathrm{R,eq}})\,\boldsymbol{P}_{n,0}}$$

$$(6.12)$$

根据特征向量与总体质量矩阵的正交性，可以得到声腔子系统模态阻尼损耗因子的表达式

$$\eta_n \approx \frac{\eta_{\mathrm{air}}\,\boldsymbol{P}_{n,0}^{\mathrm{T}}\boldsymbol{K}_{\mathrm{R,air}}\,\boldsymbol{P}_{n,0} + \eta_{\mathrm{eq}}\,\boldsymbol{P}_{n,0}^{\mathrm{T}}\boldsymbol{K}_{\mathrm{R,eq}}\,\boldsymbol{P}_{n,0}}{\omega_{n,0}^2} - (\chi_{\mathrm{air}}\,\boldsymbol{P}_{n,0}^{\mathrm{T}}\boldsymbol{M}_{\mathrm{R,air}}\,\boldsymbol{P}_{n,0} + \chi_{\mathrm{eq}}\,\boldsymbol{P}_{n,0}^{\mathrm{T}}\boldsymbol{M}_{\mathrm{R,eq}}\,\boldsymbol{P}_{n,0})$$

$$(6.13)$$

注意到 $\boldsymbol{P}_{n,0}$ 是通过求解式（6.10）得到的，相当于无阻尼声腔子系统的保守模态（解耦子系统模态）。同时 SmEdA 理论中的子系统模态也来自保守子系统，因此式（6.13）中的 $\boldsymbol{P}_{n,0}$ 与式（2.4）中的 $\boldsymbol{P}_n$ 具有相同的物理意义。

6.3　多孔吸声材料的布局优化

决定声腔特定位置处是否需要铺设多孔吸声材料属于整数优化问题，本章依然基于拓扑优化的思想，采用变密度法的材料插值理论将多孔吸声材料的质量密度、体模量表示成设计变量的连续函数，进而将离散的整数优化转换为连续函数优化问题。为了确保优化后设计变量收敛于 0 - 1 边界，再次引入体积守恒的 Heaviside 函数建立惩罚前后材料体积比的关系。

6.3.1　变密度方法及体积守恒的 Heaviside 函数

根据 Delany-Bazley 经验材料模型的需求，将第 i 个设计子域内实数部分的密度和体模量以插值公式表示为

$$\frac{1}{\rho_{\mathrm{R,d}}^i} = \frac{1}{\rho_{\mathrm{R,air}}} + (x_i')^3\left(\frac{1}{\rho_{\mathrm{R,eq}}} - \frac{1}{\rho_{\mathrm{R,air}}}\right)$$
$$\frac{1}{E_{\mathrm{R,d}}^i} = \frac{1}{E_{\mathrm{R,air}}} + (x_i')^3\left(\frac{1}{E_{\mathrm{R,eq}}} - \frac{1}{E_{\mathrm{R,air}}}\right)$$

$$(6.14)$$

式中　x_i'——惩罚后 i 号设计子域的体积比，取值范围从 0 至 1；

$\rho_{\mathrm{R,d}}^i$ —— i 号设计子域内密度的实数部分；

$E_{\mathrm{R,d}}^i$ —— i 号设计子域内体模量的实数部分。

不同于传统的 SIMP 插值公式，设计子域内的插值材料参数以倒数形式表达，这是由于声腔有限元质量阵和刚度阵中的空气密度与体模量均以倒数形式

出现[84]。x_i'取 0 时，i 号设计子域内充满空气，而当 x_i' 取 1 时，表示 i 号设计子域内布置多孔吸声材料。根据式（6.4），只要明确材料的阻尼损耗因子即可得到虚数部分的插值材料参数，因此上述插值模型可以反映各个设计子域内空气或者多孔吸声材料的存在状态。

体积比 x_i' 对应的指数 3 具有惩罚的效果，但数值计算实例显示，优化程序终止时仍然有相当一部分设计变量无法收敛于规定的 0-1 边界，因此再次引入体积守恒的 Heaviside 函数来加大对设计变量的惩罚力度，参见式（5.11）和式（5.12）。

6.3.2　优化模型

本章的优化问题可以描述为给定多孔吸声材料用量约束，通过优化设计域内多孔吸声材料的布局，最小化声腔子系统在所关心频带内的总能量，优化模型的表达式为

$$\begin{aligned} \text{最小化：} \quad & E_{\text{aco}}(\boldsymbol{x}) \\ \text{约束：} \quad & \begin{cases} M_{\text{por}}(\boldsymbol{x}) \leqslant f_{\text{por}} M_0 \\ 0 < \boldsymbol{x}_{\min} \leqslant \boldsymbol{x} \leqslant 1 \end{cases} \end{aligned} \tag{6.15}$$

式中　$\boldsymbol{x}$——设计变量，即 Heaviside 函数惩罚前各设计子域内多孔吸声材料的
　　　　体积比，$\boldsymbol{x} = \{x_1 \cdots x_i \cdots x_N\}^{\text{T}}$；

　　$\boldsymbol{x}_{\min}$——$\boldsymbol{x}$ 的对应下限，为避免出现数值奇异解，取一较小的数值 10^{-5}；

　　$E_{\text{aco}}(\boldsymbol{x})$——所关心频带内声腔子系统的总能量；

　　$M_{\text{por}}(\boldsymbol{x})$——多孔吸声材料的总质量；

　　M_0——允许的材料最大质量，即每个设计子域内全部铺上多孔吸声材料时
　　　　所用材料的质量；

　　f_{por}——多孔吸声材料的总体积分数。

选用基于梯度的 MMA 算法来求解多孔吸声材料的布局优化模型。

6.3.3　灵敏度分析

由于 Heaviside 函数的使用，目标函数关于设计变量的导数可以分为两个部分，一部分为声腔子系统模态能量关于惩罚后各个设计子域内多孔吸声材料体积比的导数，另一部分为惩罚后体积比关于设计变量的导数，具体表达式为

$$\frac{\partial E_{\text{aco}}}{\partial x_i} = \sum \frac{\partial \boldsymbol{E}_2}{\partial x_i} = \sum \frac{\partial \boldsymbol{E}_2}{\partial x_i'} \frac{\partial x_i'}{\partial x_i} \tag{6.16}$$

Heaviside 函数的导数为

$$\frac{\partial x_i'}{\partial x_i} = \begin{cases} \alpha e^{-\alpha(1-x_i/\theta)} + e^{-\alpha} & 0 \leqslant x_i \leqslant \theta \\ \alpha e^{-\beta(x_i-\theta)/(1-\theta)} + e^{-\alpha} & \theta \leqslant x_i \leqslant 1 \end{cases} \quad (6.17)$$

根据式（2.12），声腔子系统模态能量关于 x_i' 的导数可以表示为

$$\frac{\partial \boldsymbol{E}_2}{\partial x_i'} = (\boldsymbol{C}_{22} - \boldsymbol{C}_{21}\boldsymbol{C}_{11}^{-1}\boldsymbol{C}_{12})^{-1}$$

$$\left\{ \frac{\partial \boldsymbol{\Pi}_2}{\partial x_i'} - \frac{\partial \boldsymbol{C}_{21}}{\partial x_i'}\boldsymbol{C}_{11}^{-1}\boldsymbol{\Pi}_1 - \boldsymbol{C}_{21}\frac{\partial(\boldsymbol{C}_{11}^{-1})}{\partial x_i'}\boldsymbol{\Pi}_1 - \boldsymbol{C}_{21}\boldsymbol{C}_{11}^{-1}\frac{\partial \boldsymbol{\Pi}_1}{\partial x_i'} - \right.$$

$$\left. \left[\frac{\partial \boldsymbol{C}_{22}}{\partial x_i'} - \frac{\partial \boldsymbol{C}_{21}}{\partial x_i'}\boldsymbol{C}_{11}^{-1}\boldsymbol{C}_{12} - \boldsymbol{C}_{21}\frac{\partial(\boldsymbol{C}_{11}^{-1})}{\partial x_i'}\boldsymbol{C}_{12} - \boldsymbol{C}_{21}\boldsymbol{C}_{11}^{-1}\frac{\partial \boldsymbol{C}_{12}}{\partial x_i'} \right]\boldsymbol{E}_2 \right\} \quad (6.18)$$

根据统计模态能量分布分析中的对偶模态假设，声场特性参数的改变不会影响结构激励，即式（6.18）中 $\partial \boldsymbol{\Pi}_1 / \partial x_i' = \boldsymbol{0}$。作为模态耦合系数矩阵（$\boldsymbol{C}_{11}$，$\boldsymbol{C}_{12}$，$\boldsymbol{C}_{21}$，$\boldsymbol{C}_{22}$）的关键元素，$\beta_{mn}$ 关于 x_i' 的导数可以表示为

$$\frac{\partial \beta_{mn}}{\partial x_i'} = \frac{\partial \beta_{mn}}{\partial \omega_n}\frac{\partial \omega_n}{\partial x_i'} + \frac{\partial \beta_{mn}}{\partial \boldsymbol{P}_n}\frac{\partial \boldsymbol{P}_n}{\partial x_i'} + \frac{\partial \beta_{mn}}{\partial \eta_n}\frac{\partial \eta_n}{\partial x_i'} \quad (6.19)$$

由于各子系统的模态信息均来源于解耦子系统，因此结构子系统模态信息关于惩罚后声腔子系统内多孔吸声材料体积比的导数为 0，即 $\partial \omega_m / \partial x_i'$、$\partial \boldsymbol{U}_m / \partial x_i'$、$\partial \eta_m / \partial x_i'$ 三项的导数为 0。

式（6.19）中 $\partial \beta_{mn} / \partial \omega_n$、$\partial \beta_{mn} / \partial \boldsymbol{P}_n$、$\partial \beta_{mn} / \partial \eta_n$ 三项的导数信息可以得到解析的形式，然而声腔子系统模态的导数 $\partial \boldsymbol{P}_n / \partial x_i'$ 则很难采用解析法求出，尤其是在中频范围，每个频带内存在较多的声腔子系统模态。如果直接采用有限差分计算则又会引发摄动步长的选择问题。因此再次采用复数变量法来计算声腔子系统模态信息关于惩罚后多孔吸声材料体积比的导数。声腔子系统角频率和模态灵敏度的计算式为

$$\begin{cases} \dfrac{\partial \omega_n}{\partial x_i'} \approx \dfrac{\operatorname{Im}[\omega_n(x_i' + \mathrm{j}\Delta x_i')]}{\Delta x_i'} \\[2mm] \dfrac{\partial \boldsymbol{P}_n}{\partial x_i'} \approx \dfrac{\operatorname{Im}[\boldsymbol{P}_n(x_i' + \mathrm{j}\Delta x_i')]}{\Delta x_i'} \end{cases} \quad (6.20)$$

由式（6.13）可以得到模态阻尼损耗因子的灵敏度公式

$$\frac{\partial \eta_n}{\partial x_i'} \approx \frac{\left(2\eta_{\text{air}}\dfrac{\partial \boldsymbol{P}_n^{\mathrm{T}}}{\partial x_i'}\boldsymbol{K}_{\text{R,air}}\boldsymbol{P}_n + \eta_{\text{air}}\boldsymbol{P}_n^{\mathrm{T}}\dfrac{\partial \boldsymbol{K}_{\text{R,air}}}{\partial x_i'}\boldsymbol{P}_n + 2\eta_{\text{eq}}\dfrac{\partial \boldsymbol{P}_n^{\mathrm{T}}}{\partial x_i'}\boldsymbol{K}_{\text{R,eq}}\boldsymbol{P}_n + \eta_{\text{eq}}\boldsymbol{P}_n^{\mathrm{T}}\dfrac{\partial \boldsymbol{K}_{\text{R,eq}}}{\partial x_i'}\boldsymbol{P}_n \right)}{\omega_n^2} -$$

$$\frac{2(\eta_{\text{air}}\boldsymbol{P}_n^{\mathrm{T}}\boldsymbol{K}_{\text{R,air}}\boldsymbol{P}_n + \eta_{\text{eq}}\boldsymbol{P}_n^{\mathrm{T}}\boldsymbol{K}_{\text{R,eq}}\boldsymbol{P}_n)\dfrac{\partial \omega_n}{\partial x_i'}}{\omega_n^3} -$$

$$\left(2\chi_{\text{air}}\frac{\partial \boldsymbol{P}_n^{\mathrm{T}}}{\partial x_i'}\boldsymbol{M}_{\text{R,air}}\boldsymbol{P}_n + \chi_{\text{air}}\boldsymbol{P}_n^{\mathrm{T}}\frac{\partial \boldsymbol{M}_{\text{R,air}}}{\partial x_i'}\boldsymbol{P}_n + 2\chi_{\text{eq}}\frac{\partial \boldsymbol{P}_n^{\mathrm{T}}}{\partial x_i'}\boldsymbol{M}_{\text{R,eq}}\boldsymbol{P}_n + \chi_{\text{eq}}\boldsymbol{P}_n^{\mathrm{T}}\frac{\partial \boldsymbol{M}_{\text{R,eq}}}{\partial x_i'}\boldsymbol{P}_n \right)$$

$$(6.21)$$

其中声腔内空气以及等效多孔吸声域的质量阵及刚度阵的灵敏度也采用复数变量法来计算，即

$$
\begin{cases}
\dfrac{\partial \boldsymbol{K}_{\mathrm{R,air}}}{\partial x_i'} \approx \dfrac{\mathrm{Im}\left[\boldsymbol{K}_{\mathrm{R,air}}(x_i'+\mathrm{j}\Delta x_i')\right]}{\Delta x_i'},\ \dfrac{\partial \boldsymbol{K}_{\mathrm{R,eq}}}{\partial x_i'} \approx \dfrac{\mathrm{Im}\left[\boldsymbol{K}_{\mathrm{R,eq}}(x_i'+\mathrm{j}\Delta x_i')\right]}{\Delta x_i'} \\[4mm]
\dfrac{\partial \boldsymbol{M}_{\mathrm{R,air}}}{\partial x_i'} \approx \dfrac{\mathrm{Im}\left[\boldsymbol{M}_{\mathrm{R,air}}(x_i'+\mathrm{j}\Delta x_i')\right]}{\Delta x_i'},\ \dfrac{\partial \boldsymbol{M}_{\mathrm{R,eq}}}{\partial x_i'} \approx \dfrac{\mathrm{Im}\left[\boldsymbol{M}_{\mathrm{R,eq}}(x_i'+\mathrm{j}\Delta x_i')\right]}{\Delta x_i'}
\end{cases}
\tag{6.22}
$$

将式（6.19）～式（6.22）代入式（6.18），并且结合式（6.17）最终得到声腔子系统模态能量的灵敏度。

以上灵敏度的推导可以发现，用模态应变动能方法计算模态阻尼损耗因子 η_n 是基于实数运算的。此外，声腔子系统角频率及模态振型来源于解耦的保守子系统，也是在实数体系范围内求解，这些条件均为复数变量法的使用提供了有利条件（复数变量法只适用于实函数的导数计算）。

6.3.4　多孔吸声材料布局优化流程

综上所述，可得到如图 6.1 所示的多孔吸声材料的布局优化流程：第一步，给出初始的设计变量 x_i。第二步，将设计变量代入体积守恒的 Heaviside 函数求

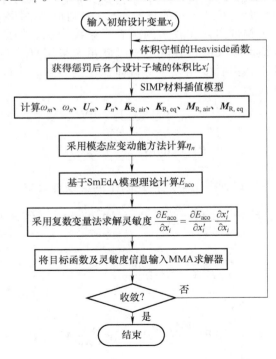

图 6.1　优化程序流程图

出惩罚后各设计子域的体积比 x_i'。第三步，将获得的体积比输入 SIMP 材料插值模型，计算声腔子系统的模态信息及刚度阵、质量阵。第四步，通过模态应变动能方法求解声腔子系统的各阶模态阻尼损耗因子。第五步，根据统计模态能量分布分析理论计算目标函数，即声腔子系统的总能量。第六步，引入复数变量法计算声腔子系统模态信息的导数，进而完成灵敏度求解。第七步，将目标函数及灵敏度信息输入 MMA 优化求解器更新设计变量，直至收敛。

6.4　数值计算实例

6.4.1　板/腔耦合系统的多孔吸声材料布局优化

图 6.2 为矩形薄板与立方体声腔的耦合示意图。薄板的尺寸为 $0.6\text{m} \times 0.5\text{m}$，厚度为 3mm，声腔的高度为 0.4m。薄板材料为钢，四边固支，其密度、泊松比及弹性模量分别为 7800kg/m^3，0.3 和 $2.1 \times 10^{11}\text{Pa}$。一层 4cm 厚的多孔吸声材料铺设在声腔底部，除了耦合的薄板以外，声腔其他边界均为声场硬边界。声腔内空气的密度及声速分别为 1.29kg/m^3 和 343m/s，对应的材料阻尼损耗因子设为常数，即式（6.4）中 $\chi_{\text{air}} = \eta_{\text{air}} = 0.001$。一个垂直于薄板的白噪声激励 F 作用于 $(0.2, 0.2, 0.4)$ 位置，数值为 10N。图 6.2 的右半部分显示了多孔吸声材料的网格划分，整个设计域分成 30 个设计子域，每个子域包含 50 个立方体实体单元。声腔子系统（含空气及等效多孔吸声域）共有 10500 个立方体网格，薄板共有 750 个四边形壳单元网格。

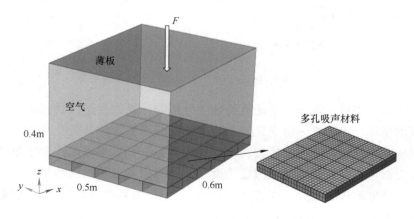

图 6.2　薄板与底部铺设多孔吸声材料的声腔耦合示意图

图 6.3 给出了由 Delany-Bazley 模型预测的多孔吸声材料相关参数随频率的变化曲线。经验模型中流阻率的大小设置为 $52000\text{Pa} \cdot \text{s/m}^2$，处于普通纤维质多孔吸声材料的流阻区间。图 6.3 中实线表示多孔吸声材料的密度及体模量的实部，虚线显示对应的虚部。不难发现，实部参数在较窄的范围内变化，而虚部参数则表现出了较强的频率依赖性。计算模态阻尼损耗因子时，将材料参数在所关心频带内取平均值，然后以常数值进行特征值计算。

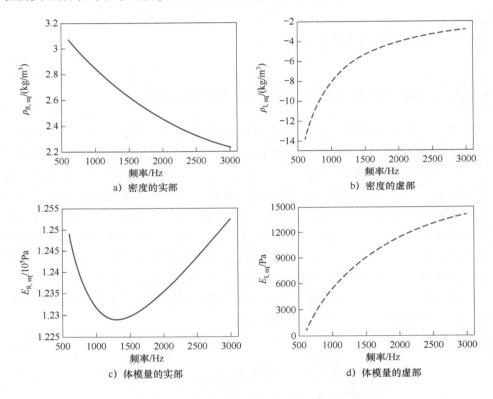

a) 密度的实部 b) 密度的虚部
c) 体模量的实部 d) 体模量的虚部

图 6.3 等效多孔吸声域的材料参数随频率的关系

现有研究表明，在进行特征值灵敏度分析时，复数变量法具有比有限差分法更高的精度，然而这一结论只限于结构特征值灵敏度的分析[63,64]。这里进行声腔子系统特征值灵敏度的比较，分析这两类算法计算得出的声腔子系统角频率、模态振型以及总能量的灵敏度精度。选用有限差分法的两种形式：一种是具有二阶精度的中心差分，即式（6.23）；另一种为具有一阶精度的向前差分，即式（6.24）。

$$f'(x) = \frac{f(x + \Delta x) - f(x - \Delta x)}{2\Delta x} + O(\Delta x^2) \qquad (6.23)$$

$$f'(x) = \frac{f(x + \Delta x) - f(x)}{\Delta x} + O(\Delta x) \qquad (6.24)$$

表 6.1 列出了 1000Hz 1/3 倍频程内，相对摄动步长 $\Delta x_i / x_i$ 为 10^{-4} 时，声腔子系统角频率关于第 1 及第 15 号设计变量的灵敏度，其中各个设计子域的初始设计变量为 1。表中 CVM 表示由复数变量法计算得到的声腔子系统角频率的灵敏度；FDM_central 表示由中心差分法计算得出的灵敏度；FDM_forward 表示由向前差分法计算得出的灵敏度。1000Hz 1/3 倍频程内共有 18 个声腔子系统模态，表中取前 5 阶模态的灵敏度。不难发现三种算法得出的灵敏度结果十分相近，初步证明了复数变量法计算声腔子系统角频率灵敏度的准确性。

表 6.1　1000Hz 1/3 倍频程内声腔子系统角频率的灵敏度（单位：rad/s）

模态阶次	CVM		FDM_central		FDM_forward	
	1 号变量	15 号变量	1 号变量	15 号变量	1 号变量	15 号变量
1	− 156. 7857	− 172. 1314	− 156. 7859	− 172. 1315	− 156. 8835	− 172. 1832
2	− 21. 6043	− 21. 6043	− 21. 6043	− 21. 6043	− 21. 6148	− 21. 6128
3	− 134. 3231	− 2. 0749	− 134. 3232	− 2. 0749	− 134. 3981	− 2. 0755
4	− 296. 1039	− 37. 0245	− 296. 1039	− 37. 0245	− 296. 2292	− 37. 0324
5	− 27. 2981	− 31. 9745	− 27. 2981	− 31. 9745	− 27. 2966	− 31. 9896

图 6.4 显示了三种算法计算得出的 1000Hz 1/3 倍频程内首阶声腔子系统模态关于第 1 个设计变量的灵敏度，这里只取声腔-结构耦合面处的模态振型。相对摄动步长为 10^{-4} 时，三种方法得到的声腔子系统模态灵敏度一致（图 6.4a、c、e）。随着摄动步长的降低，中心差分法以及向前差分法均出现了由于减法运算带来的相减消去误差，当摄动步长降至 10^{-9} 时，模态灵敏度出现大量的 0。此外，由于中心差分法的截断误差比向前差分法要低（中心差分法具有二阶误差精度），中心差分法得到的模态灵敏度结果也比向前差分法要好（图 6.4d 比图 6.4f 的 0 值数目更少）。当然，中心差分法与向前差分法和复数变量法相比，重分析次数及计算时间要多一倍。由于不存在减法运算，复数变量法对摄动步长的变化不敏感，因而可以得出具有更高精度的灵敏度结果。需要声明的是：本章灵敏度分析结果是在商业软件 COMSOL 输出模态和频率数据基础上计算得到的，不同的软件由于输出精度的不同，灵敏度分析结果会有所变化。

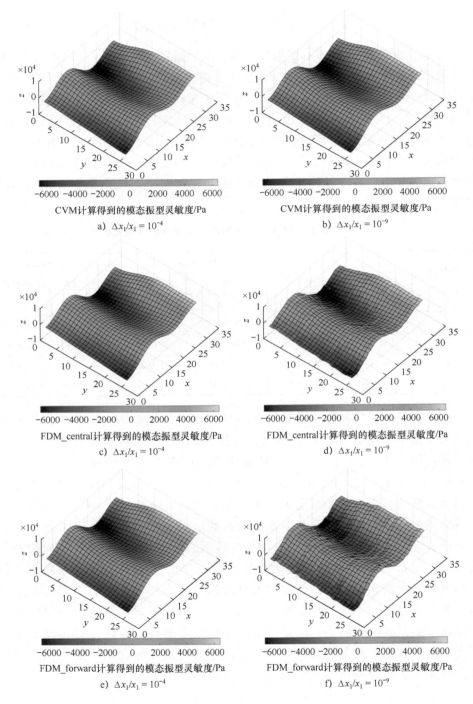

a) $\Delta x_1/x_1 = 10^{-4}$

b) $\Delta x_1/x_1 = 10^{-9}$

c) $\Delta x_1/x_1 = 10^{-4}$

d) $\Delta x_1/x_1 = 10^{-9}$

e) $\Delta x_1/x_1 = 10^{-4}$

f) $\Delta x_1/x_1 = 10^{-9}$

图 6.4　1000Hz 1/3 倍频程内首阶声腔子系统模态关于第 1 个设计变量的灵敏度

声腔子系统总能量的灵敏度与模态信息的灵敏度相关，表 6.2 列出了 1000Hz 1/3 倍频程内，声腔子系统总能量关于第一个设计变量的灵敏度。观察到，当差分步长为 10^{-1} 时，中心差分法和向前差分法无法执行模态能量灵敏度计算，这是由于摄动步长较大导致的同一频带内摄动前后模态数量不一致。另外，向前差分法的灵敏度在所有的差分步长，误差均在千倍以上，根本不能用于优化求解；且差分步长越小，误差越大。这主要是由于声腔内的大部分介质为空气，对应的声场刚度阵和质量阵的数量级非常小，经过 SIMP 插值公式中的 3 次幂的惩罚，对声场矩阵的元素影响已经非常小，再经过软件输出有效数字的限制以及向前差分法中摄动前后能量函数的减法运算，灵敏度（$\partial K_{\mathrm{R,air}}/\partial x_i'$、$\partial K_{\mathrm{R,eq}}/\partial x_i'$、$\partial M_{\mathrm{R,air}}/\partial x_i'$、$\partial M_{\mathrm{R,eq}}/\partial x_i'$）的误差有了急剧放大，这造成了向前差分法计算结果根本无法用于优化分析的事实。中心差分法虽然由于增加了一倍的计算量，而具有二阶精度，可以得到较为精确的结果，但依然具有相减消去误差，其数值稳定性取决于摄动步长区间。除了 10^{-1} 摄动步长以外，复数变量法的计算结果非常稳定，只有在 10^{-4} 时，中心差分法可以得到与复数变量法同样的精度，当波长降至 10^{-7} 以下时，中心差分法得到的计算结果不再准确，其主要误差来源于图 6.4 中描述的声腔子系统模态的误差。

表 6.2　1000Hz 1/3 倍频程内声腔子系统总能量关于第 1 个设计变量的灵敏度

相对摄动 $\Delta x_1/x_1$	声腔子系统总能量关于第 1 个设计变量的灵敏度/J		
	CVM	FDM_central	FDM_forward
10^{-1}	6.5709×10^{-5}	—	—
10^{-2}	8.2724×10^{-5}	8.3937×10^{-5}	3.4500×10^{-2}
10^{-3}	8.3315×10^{-5}	8.3327×10^{-5}	3.4420×10^{-1}
10^{-4}	8.3321×10^{-5}	8.3321×10^{-5}	3.4410
10^{-5}	8.3321×10^{-5}	8.3329×10^{-5}	34.4842
10^{-6}	8.3321×10^{-5}	8.3403×10^{-5}	345.8402
10^{-7}	8.3321×10^{-5}	8.3634×10^{-5}	3.6177×10^{3}
10^{-8}	8.3321×10^{-5}	7.7183×10^{-5}	5.2111×10^{4}
10^{-9}	8.3321×10^{-5}	2.4545×10^{-5}	2.1145×10^{6}
10^{-10}	8.3321×10^{-5}	8.0576×10^{-4}	1.8048×10^{8}

实际操作中，不同的软件存在不同的可识别精度，因而摄动步长不宜取得过小。另外，由于需要摄动两次，中心差分法的计算量要比复数变量法要高一倍。复数变量法具有对摄动步长不敏感的性质并且考虑到计算上的经济性，在处理声腔子系统特性参数的灵敏度上具有很大的优势。

优化中各设计子域初始设计变量为 1，多孔吸声材料的体积分数上限设置为 50%，也就是说优化程序终止时，只允许 15 个子域铺设多孔吸声材料。图 6.5 显示了 1000Hz 1/3 倍频程的声腔子系统总能量迭代过程，目标函数在前 15 次迭代中迅速下降，随后下降的速率明显降低，中途出现了两次突然上升。这是由于迭代过程中 Heaviside 函数中的控制参数 α 随迭代而逐渐增加，导致相邻两次迭代中对设计变量的惩罚程度不同。目标函数最终于第 128 次迭代收敛到最低值。

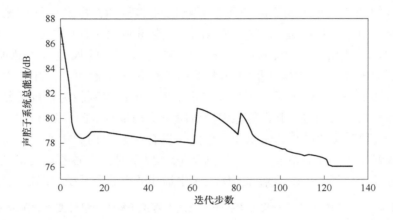

图 6.5　1000Hz 1/3 倍频程内声腔子系统总能量的迭代过程

表 6.3 列出了 1000Hz、1250Hz、1600Hz 以及 2000Hz 1/3 倍频程内优化前后声腔子系统总能量的变化，各个频带的声腔子系统总能量均显著降低，充分说明了多孔吸声材料布局优化的有效性。优化模型中的体积约束为总体设计域的 50%，其材料用量与将初始设计域厚度一半的吸声材料均匀铺设在声腔底部相同，因此表 6.3 中同时列出了 2mm 厚度的多孔材料均匀铺设时的声腔子系统总能量及频带内模态数量。

表 6.3　优化前后声腔子系统的总能量以及模态数量变化

频带/Hz (1/3 倍频程)	总能量/dB			模态数量		
	初始状态	优化后	2mm 均匀铺设	初始状态	优化后	2mm 均匀铺设
1000	87.48	76.35	89.67	18	17	17
1250	94.13	83.75	95.56	38	28	27
1600	98.68	85.63	100.54	54	49	49
2000	98.09	86.30	99.88	107	94	95

从表 6.3 中可以看到，在吸声材料用量相同的情况下，优化后的声腔子系

统总能量要比均匀铺设 2mm 厚的吸声材料在分贝量级上降低 12.36% ~ 14.85%。同时，根据优化前后目标函数与约束条件的对比，可能会产生这样的质疑：为什么初始状态的多孔吸声材料用量为优化后的两倍，而其降噪效果却不如优化后？这里需要重点说明的是，布满吸声材料并不总是利于声波的衰减，尤其是对于较轻的多孔材料（如玻璃纤维），固体材料自身的体模量甚至比空气要小。根据 Lee[81,82] 等人以及 Yamamoto[83] 等人的研究结果，多孔吸声材料与空气交替分布的形式以及其他混合排布方式相比于多孔吸声材料完全铺设于声腔某表面而言，可能具有更好的降噪效果，这同时也解释了图 6.5 中初始阶段目标函数迅速下降的原因。当然，在同样均匀铺设的情况下，从表 6.3 中可以看到，4mm 厚度（初始状态和优化后）吸声材料还是要比 2mm 厚度吸声材料的降噪效果更好。

此外，还需要补充说明的是：并不是所有多孔吸声材料/空气混合分布形式的降噪效果都要好于均匀分布的情况，多孔吸声材料的吸声能力与材料固体框架的特性以及孔隙率有较大的联系。图 6.6 显示了流阻率为 1500Pa·s/m² 时目标函数的迭代曲线，各设计子域初始设计变量依然为 1，多孔吸声材料的体积分数上限设置为 50%。前 14 次迭代中，随着多孔吸声材料的减少，声腔子系统总能量会显著的升高，并且优化的最优解也要高于初始值，也就是说采用当前流阻率（1500Pa·s/m²）的多孔吸声材料进行布局优化设计时，多孔吸声材料与空气混合分布形式的降噪效果不如吸声材料两倍体积均匀铺设于声腔底部的情形。

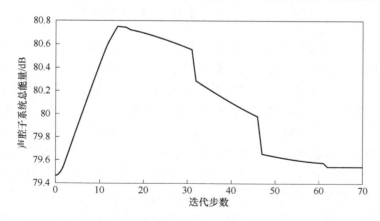

图 6.6　1500Pa·s/m² 流阻率时 1000Hz 1/3 倍频程内声腔子系统总能量的迭代过程

图 6.7 给出了流阻率为 52000Pa·s/m² 时，4 个频带内多孔吸声材料的最优布局。随着频率范围的变化，最优材料布局有所不同，但每个频带内最终只有15 个设计子域布置多孔吸声材料，即每个频带内材料的使用均达到约束上限，

说明采用体积守恒的 Heaviside 函数可以确保设计材料被充分利用。

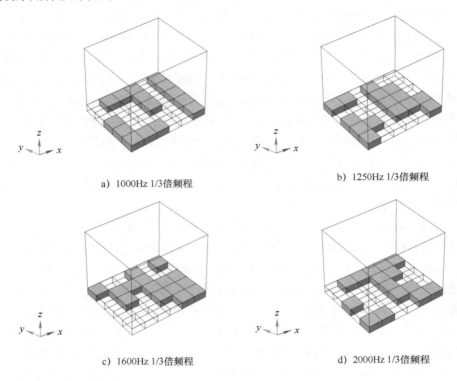

a) 1000Hz 1/3倍频程

b) 1250Hz 1/3倍频程

c) 1600Hz 1/3倍频程

d) 2000Hz 1/3倍频程

图 6.7　四个频带内多孔吸声材料的最优布局

　　图 6.8 所示为优化前后模态耦合系数的变化，可以体现优化前后子系统各个模态之间的耦合强度变化。图中横轴代表结构模态的阶数，纵轴代表声腔子系统模态的阶数。可以发现，每个频带内的最大模态耦合系数在优化后均显著下降，其中 1000Hz、1600Hz 以及 2000Hz 1/3 倍频程内模态耦合系数 β_{mn} 的峰值分别由 1.4、4.0、3.5 降到 0.4、0.6、0.7，近乎降低了一个数量级。另外，优化前较大的耦合系数集中于图中对角区域，优化后的分布呈现均匀趋势，非对角区域也出现了具有一定量级的模态耦合强度。初始阶段结构子系统低阶（高阶）模态与声腔子系统低阶（高阶）模态的共振频率接近，因此产生了较大的耦合，布局优化在一定程度上打破了相应频谱的谐振性，产生了较为均匀的模态耦合强度分布。

　　图 6.9 显示了 2mm 厚吸声材料均匀铺设在声腔底部时的模态耦合系数分布情况。总体来看，均匀铺设的模态耦合系数的最大值接近于初始优化状态的情况（对比图 6.8a、c、e、g）。例如 1000Hz 1/3 倍频程内均匀铺设状态的最大耦

合系数为 1.6，略高于优化初始状态，而其他三个频带下的耦合系数反而低于优化初始状态。结合布局优化前后的模态耦合系数情况，不难得出，多孔吸声材料厚度的均匀改变对耦合系统中模态耦合强度的影响不及材料布局的优化。

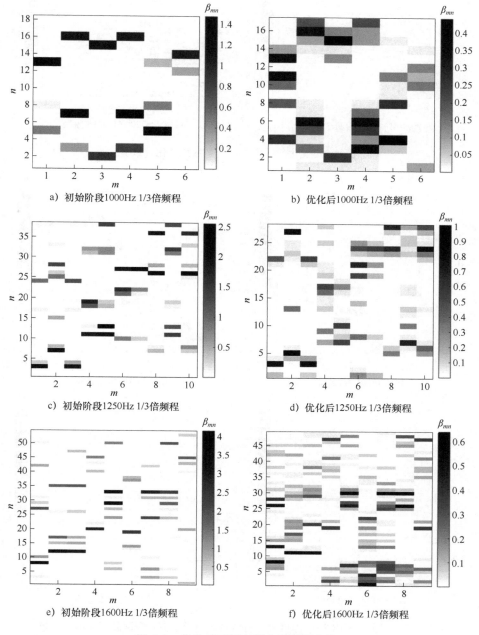

图 6.8　优化前后模态耦合系数的变化

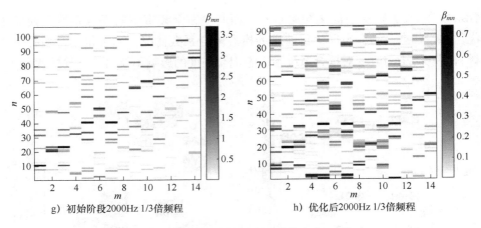

g）初始阶段2000Hz 1/3倍频程　　　　h）优化后2000Hz 1/3倍频程

图6.8　优化前后模态耦合系数的变化（续）

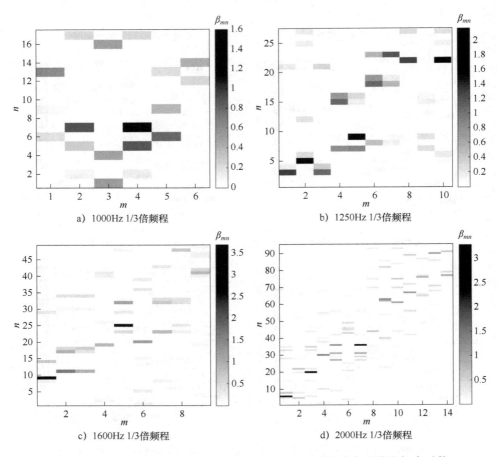

a）1000Hz 1/3倍频程　　　　　　　b）1250Hz 1/3倍频程

c）1600Hz 1/3倍频程　　　　　　　d）2000Hz 1/3倍频程

图6.9　四个频带内2mm厚度吸声材料均匀铺设于声腔底部的模态耦合系数

　　图 6.10 给出了优化前后声腔子系统的模态能量变化。可以看出，优化后声腔子系统的模态数量呈现出衰减趋势，正如表 6.3 所列出的，四个频带内的声腔子系统模态数量分别由 18、38、54 以及 107 下降到 17、28、49 以及 94。随着声腔内多孔材料的布局变化，初始的模态可能移出频带，而频带外的模态也有可能移入，但总的数量表现为减少的趋势。以频谱分析的观点来看，振动模态对应频率谱中的共振峰，通过优化系统动力学特性，将共振峰移出频带，或者最大化相邻两个频率之间的距离可以有效地降低系统的动力学响应[88]。与此类似，吸声材料布局优化的效果则在于将频带内的模态尽可能地移出。

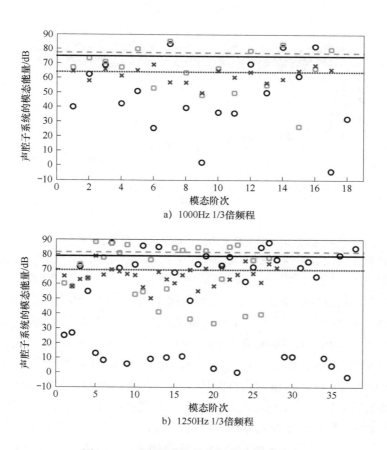

a）1000Hz 1/3倍频程

b）1250Hz 1/3倍频程

图 6.10　四个频带内的声场模态能量分布

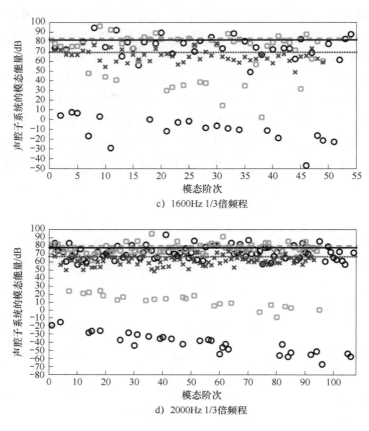

c) 1600Hz 1/3倍频程

d) 2000Hz 1/3倍频程

图6.10 四个频带内的声场模态能量分布（续）

O—初始状态的模态能量 ×—优化后模态能量 □—2mm 厚的吸声材料均匀铺设时的模态能量

——初始状态的平均模态能量 ·······优化后平均模态能量 ----均匀铺设状态下的平均模态能量

对应声场总能量的降低，每个频带内的平均模态能量在优化后也得到了明显的下降。如图 6.10 所示，四个频带内的模态平均能量分别从 74.93dB、78.34dB、81.54dB、77.79dB 降至 64.05dB、69.27dB、68.73dB、66.62dB。另外，四个频带内 2mm 均布材料时的平均模态能量分别为 77.37dB、81.31dB、83.45dB 以及 80.11dB，虽然拥有同体积的多孔吸声材料，均匀铺设状态下的平均模态能量明显高于优化后的状态。初始阶段的模态能量分布不均，1000Hz 1/3 倍频程内，最高与最低的模态能量相差 80dB，最低模态（第 17 阶）能量在 0dB 以下，实际工程中几乎可以忽略，最高能量（第 7 阶）达到 83.66dB。此外，初始状态下 1250Hz、1600Hz 以及 2000Hz 1/3 倍频程内的较多的模态能量远低于平均值，由于多孔吸声材料最优布局的均化作用，大多模态能量于优化后集中于平均值附近。至于均匀铺设 2mm 材料的状态，其模态能量分布的均匀性介于初始状态与优化后的状态之间。

为了进一步验证本章的多孔吸声材料布局优化程序能否应用于更宽的频带区间以及其他多孔材料参数的情况，在本章前面的计算中，都是考虑 1/3 倍频程，而这里计算原材料参数环境下 1000Hz 以及 2000Hz 倍频程内多孔材料的最优布局。另外，前面的计算中，流阻率为 52000Pa·s/m²，这里改变材料的流阻率量级，分别计算流阻率为 3000Pa·s/m²、15000Pa·s/m² 以及 75000Pa·s/m² 下的优化结果。多孔吸声材料参数与统计模态能量分布分析模型均具有一定的频率相关性。图 6.11 给出了 1000Hz 和 2000Hz 倍频程的吸声材料最优布局，对比图 6.7 中 1/3 倍频程的优化结果，有明显的不同。目标函数分别从 97.22dB 和 104.98dB 下降至 88.47dB 和 94.78dB，较宽频带内目标函数的降低不及 1/3 倍频程内较窄频带内的下降程度，此外两个频带内的模态数量分别从 63 和 346 降至优化后的 52 和 307。另外，表 6.4 列出了三种不同流阻率下声腔子系统总能量以及模态数量的变化，从中可以看到，优化前声腔子系统总能量随着流阻率的升高而明显增加，但是优化后的声腔子系统总能量基本相同。因此可以得到结论：流阻率越高，优化降噪效果越好。另外，从表 6.4 中也可以看到：优化后模态数量依然呈减少的趋势。

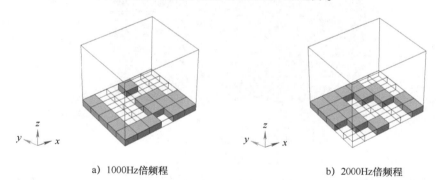

a) 1000Hz倍频程　　　　　　　　　　　　b) 2000Hz倍频程

图 6.11　两个频带内多孔吸声材料的最优布局

表 6.4　1000Hz 1/3 倍频程内不同材料参数下的优化结果

流阻率/ (Pa·s/m²)	声腔子系统总能量/dB		声腔子系统模态数量	
	初 始 状 态	优 化 后	初 始 状 态	优 化 后
3000	78.75	77.33	16	14
15000	83.60	77.45	17	17
75000	87.54	77.72	18	16

6.4.2 火车部分车体的多孔吸声材料布局优化

本节选用某火车部分车体结构作为研究对象，来说明本章提出的多孔吸声材料布局优化方法可以应用于工程实践。图6.12显示了部分车体结构的简化模型及三个维度的基本尺寸（彩色图见书后插页），图的右半部分显示附着在车体表面的多孔吸声材料网格（蓝色区域）以及内部声腔网格（黑色区域），其中吸声材料划分为3392个六面体单元，声腔划分为49612个四面体单元，板结构划分为640个四边形壳单元。车体的底部钢板为四边固支，并承受8个对称分布的点激励，其他位置的车体结构为刚性边界，整个系统的材料参数与6.4.1节一致。图6.12的右部显示了耦合系统整体网格的1/4部分，优化设计中考虑实际工程中材料布局的对称性需要，取1/4的设计变量，分析计算时依然考虑整体模型，设定优化后多孔吸声材料的用量不超过固定设计域的50%。

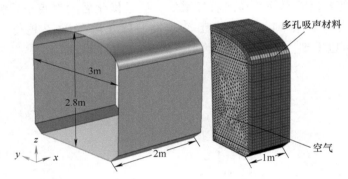

图6.12　火车车体模型及1/4声腔的网格划分

注：彩色图见书后插页。

考虑700~800Hz以及800~900Hz两个频带的多孔吸声材料布局优化，最优布局结果显示在图6.13中。优化后，两个频带内的总能量分别由72.87dB和73.88dB降至67.95dB和68.73dB，并且频带内的声腔子系统模态数量依然呈降低趋势，分别由191、231降至168、199。说明本章所提出的多孔吸声材料布局优化可以应用于实际工程。

图6.14给出了700~800Hz频带优化前后模态能量的变化，初始阶段最低模态能量为-46.87dB，最高可达59.09dB，优化后两者差距降到22.50dB。优化后大多数模态能量均集中于平均值附近，通过布局优化，平均能量由50.06dB下降至45.70dB，均匀化趋势再次显现出来。

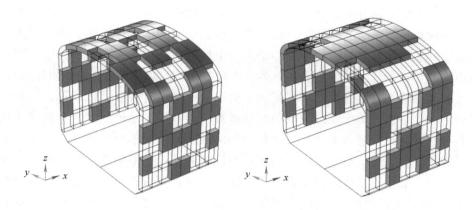

图 6.13　两频带内多孔吸声材料的最优布局

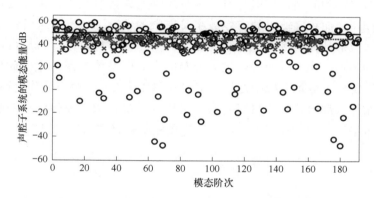

图 6.14　700 ~ 800Hz 频带内的声腔子系统模态能量

注：图中符号的含义同图 6.10。

6.5　本章小结

　　本章进行了中频声振耦合系统多孔吸声材料的布局优化研究。由于多孔吸声材料的特殊性质，其密度和体模量表现为复数形式，并且具有频率相关性。由于经验模型具有控制参数较少、易于操作的特点，选用了 Delany-Bazley 经验材料模型来描述等效多孔吸声域的材料参数随频率的变化趋势。为避免求解非线性的复数特征值方程，引入模态应变动能方法来计算模态阻尼损耗因子。最终推导出基于实数运算的模态阻尼损耗因子公式，加之统计模态能量分布分析模型采用解耦后的保守子系统模态信息（模态信息均为实数），为进一步采用复数变量方法来计算灵敏度提供了基础条件。数值计算实例中，重点比较了复数变量法与中心差分法以及向前差分法三者的计算精度，发现由于截断误差过高，向前差分法无法准确捕捉声腔子系统模态信息的非线性变化。前几章差分法摄动的是结构变量，而这一章却是声场阻尼性质相关的变量，声场矩阵和结构矩阵的元素相比，数量级要小得多。本章中 SIMP 插值公式中的体积比变量，小尺度摄动后，再经过 3 次幂的惩罚，由于软件输出有效数字的限制，再经过向前差分法中摄动前后能量函数的减法运算，误差有了急剧放大，这造成了向前差分法计算结果根本无法用于优化分析的事实。中心差分法虽然增加了一倍的计算量，具有二阶精度，可以得到较为精确的结果，但依然具有相减消去误差，并且其数值稳定性取决于摄动步长区间。只有复数变量法无论是在计算声腔子系统模态灵敏度还是总能量灵敏度方面具有很大的优势：只要计算一次目标函数，就能得到精确结果，且基本不受步长限制。因此虽然是针对吸声材料中频优化布局得到的结论，但是对于本身矩阵元素数量级小，拓扑变量要经过惩罚函数作用，而程序输出的有效数字又有限的情况下，本章得到的结论是有启发性的。数值计算实例的优化结果显示，多孔吸声材料最优布局可以使模态耦合强度趋于均匀化，进而产生均匀分布的声腔子系统模态能量，此外，优化后声腔子系统模态数量呈减少之势。工程实例选用火车部分车体作为研究对象，通过优化车体内部多孔吸声材料的布局可以充分降低火车车体的内部噪声，充分说明了本章提出的多孔吸声材料布局优化模型可以应用于工程实践。

第 7 章

逐频点模态能量分析法及中频声振耦合系统尺寸优化

7.1 引言

统计模态能量分布分析法（SmEdA）是基于频带建立模态能量传递平衡方程。作为 SmEdA 的一种提升方法，逐频点模态能量平衡分析法（MODENA）旨在构建每个分析频率点下各子系统耦合模态之间的能量传递情况，可以自然地将非共振模态影响考虑进去，这样使其在频域的分析手段更加细腻。关于中高频声振耦合系统分析实例中的激励载荷大多为点力、多点力、单极子声源以及平面波，而实际工程装备承受的载荷却相对复杂，多为宽带、随机的气动载荷，如湍流边界层（turbulent boundary layer，TBL）载荷。由于 MODENA 理论是基于单个频点而建，可以自然融合频率相关的 TBL 载荷，这一过程需借助经验模型来描述 TBL 中壁面压力场的功率谱密度。Zhang[27] 等人基于 MODENA 框架分析了 TBL 载荷激励下声振耦合系统的逐频点模态能量响应，借助 Efimtsov 经验模型[89] 来计算 TBL 壁面压力场扰动下模态力的自功率谱密度。本章基于 MODENA 框架建立 TBL 载荷激励下中频声振耦合系统尺寸优化模型，采用梯度优化算法求解，推导声腔子系统频率平均能量关于结构尺寸的灵敏度，通过优化结构表面厚度分布充分降低所研究频带内的声腔子系统总能量等级，分析优化前后声腔子系统模态能量在各个频点的变化情况，本章介绍的优化方法应用在板/腔耦合实例以及 TBL 载荷激励下某高速列车司机室顶板的局部尺寸优化实例。

7.2　逐频点模态能量分析基本理论

7.2.1　逐频点模态能量传递平衡方程

构建 MODENA 模型需要以下三个基本假设。

1) 子系统各个模态之间的耦合为保守耦合。

2) 外部激励之间为非相关。

3) 模态力与外部激励为非相关。

第三个假设只有当子系统为弱耦合时才能够满足[26]。

每一个频点下的模态注入能量等于自身阻尼耗散能量与该模态向其他子系统传递能量之和，具体的模态能量传递平衡方程为[25]

$$\Pi_m^{\mathrm{inj}}(\omega) = \Pi_m^{\mathrm{diss}}(\omega) + \sum_{n=1}^{N} \alpha_{mn}(\omega) E_m(\omega) - \sum_{n=1}^{N} \alpha_{nm}(\omega) E_n(\omega), \forall m \in M$$

$$(7.1)$$

式中　　$\Pi_m^{\mathrm{inj}}(\omega)$——频点 ω 处模态 m 的外力注入功；

$\Pi_m^{\mathrm{diss}}(\omega)$——频点 ω 处模态 m 的耗散能量；

$\alpha_{mn}(\omega)$——频点 ω 处结构子系统 m 阶模态与声腔子系统 n 阶模态之间的耦合系数；

$\alpha_{nm}(\omega)$——频点 ω 处声腔子系统 n 阶模态与结构子系统 m 阶模态之间的耦合系数；

$E_m(\omega)$——结构子系统在频点 ω 处的模态能量；

$E_n(\omega)$——声腔子系统在频点 ω 处的模态能量；

M 和 N——两个子系统的模态数量。

假定系统的阻尼形式为黏性阻尼，模态注入功和耗散能量为

$$\begin{cases} \Pi_m^{\mathrm{inj}}(\omega) = \dfrac{1}{2} S_{F_m F_m}(\omega) \mathrm{Re}[Y_m(\omega)] \\ \Pi_m^{\mathrm{diss}}(\omega) = 2 \eta_m \omega_m E_m(\omega)/(1 + \omega_m^2/\omega^2) \end{cases} \quad (7.2)$$

式中　　$Y_m(\omega)$——结构子系统模态 m 对应的输入导纳；

$S_{F_m F_m}(\omega)$——模态力 F_m 的自功率谱密度，由式（7.3）表示[27]。

$$S_{F_m F_m}(\omega) = \int_{S_{\mathrm{ext}}} \int_{S_{\mathrm{ext}}} U_m(d_1) U_m(d_2) S_{mm}(d_1, d_2, \omega) \mathrm{d}S_2 \mathrm{d}S_1 \quad (7.3)$$

式中　　　　S_{ext} ——承受随机压力场载荷的结构子系统外表面；

$U_m(d_1)$、$U_m(d_2)$ ——结构子系统在 d_1、d_2 两点的位移模态振型；

S_{mm} ——结构子系统承受随机压力场载荷的功率谱密度；

dS_1、dS_2 ——与 d_1、d_2 对应区域的微元面积。

这里需要重点强调的是 MODENA 理论中模态力 F_m 被假定为非相关。此外，单频点下的模态耦合系数可以表示为

$$\alpha_{mn}(\omega) = \frac{2\gamma_{mn}^2}{\left(1 + \dfrac{\omega_m^2}{\omega^2}\right)} \frac{\eta_n \omega_n \omega^2 \left[(\omega_m^2 - \omega^2)^2 + \omega^2 \eta_m^2 \omega_m^2\right] + \omega^4 \gamma_{mn}^2 \eta_m \omega_m}{\left[(\omega_m^2 - \omega^2)^2 + \omega^2 \eta_m^2 \omega_m^2\right]\left[(\omega_n^2 - \omega^2)^2 + \omega^2 \eta_n^2 \omega_n^2\right] - \omega^4 \gamma_{mn}^4}$$

$$(7.4)$$

式中　ω_m ——结构子系统的角频率；

ω_n ——声腔子系统的角频率；

η_m ——结构子系统的模态阻尼损耗因子；

η_n ——声腔子系统的模态阻尼损耗因子；

γ_{mn} ——陀螺耦合系数，具体形式与 SmEdA 法中的模态耦合功相同。

$$\gamma_{mn} = \frac{1}{\sqrt{M_m M_n}} \int_S U_m P_n \, dS \qquad (7.5)$$

当结构子系统模态与声腔子系统模态为质量正交时，式（7.5）与式（2.6）完全一致。同样地，给出声腔子系统模态能量平衡方程并将所有方程组整理成矩阵形式，即

$$\begin{Bmatrix} \begin{pmatrix} \boldsymbol{C}_{11}(\omega) & \boldsymbol{C}_{12}(\omega) \\ \boldsymbol{C}_{21}(\omega) & \boldsymbol{C}_{22}(\omega) \end{pmatrix} \begin{Bmatrix} \boldsymbol{E}_1(\omega) \\ \boldsymbol{E}_2(\omega) \end{Bmatrix} = \begin{Bmatrix} \boldsymbol{\Pi}_1(\omega) \\ \boldsymbol{\Pi}_2(\omega) \end{Bmatrix} \end{Bmatrix} \qquad (7.6)$$

式中模态耦合系数矩阵的每个子块可以表示为

$$\begin{cases} \boldsymbol{C}_{11}(\omega) = \left\{ \text{diag}\left[2\omega_m \eta_m / (1 + \omega_m^2/\omega^2) + \sum_{n \in N} \alpha_{mn}(\omega) \right] \right\}_{M \times M} \\[2mm] \boldsymbol{C}_{12}(\omega) = \left[-\alpha_{nm}(\omega) \right]_{M \times N}^{\text{T}} \\[2mm] \boldsymbol{C}_{21}(\omega) = \left[-\alpha_{mn}(\omega) \right]_{N \times M}^{\text{T}} \\[2mm] \boldsymbol{C}_{22}(\omega) = \left\{ \text{diag}\left[2\omega_n \eta_n / (1 + \omega_n^2/\omega^2) + \sum_{m \in M} \alpha_{nm}(\omega) \right] \right\}_{N \times N} \\[2mm] \boldsymbol{E}_1(\omega) = \left[E_m(\omega) \right]_{M \times 1}, \ \boldsymbol{E}_2(\omega) = \left[E_n(\omega) \right]_{N \times 1} \\[2mm] \boldsymbol{\Pi}_1(\omega) = \left[\Pi_m^{\text{inj}}(\omega) \right]_{M \times 1}, \ \boldsymbol{\Pi}_2(\omega) = \left[\Pi_n^{\text{inj}}(\omega) \right]_{N \times 1} \end{cases} \qquad (7.7)$$

结构子系统与声腔子系统的总能量可以由各阶模态能量之和表示

$$
\begin{cases}
E_{\text{str}}(\omega) = \displaystyle\sum_{m=1}^{M} E_m(\omega) \\[2mm]
E_{\text{aco}}(\omega) = \displaystyle\sum_{n=1}^{N} E_n(\omega)
\end{cases}
\tag{7.8}
$$

式中　$E_{\text{str}}(\omega)$——结构子系统在频点 ω 处的总能量；

　　　$E_{\text{aco}}(\omega)$——声腔子系统在频点 ω 处的总能量。

7.2.2　湍流边界层激励

根据 Coros 经验模型，稳态、均匀湍流边界层壁面压力场的互功率谱密度可以分解成

$$
S_{mm}(\zeta_y, \zeta_z, \omega) = S_{\text{ref}}(\omega)\, e^{-|\zeta_y|/L_y}\, e^{-|\zeta_z|/L_z}\, e^{-j\omega\zeta_y/U_c}
\tag{7.9}
$$

式中　$S_{\text{ref}}(\omega)$——参考点的压力谱；

　　　U_c——对流速度；

　　　L_y——顺气流方向的相干长度；

　　　L_z——横穿气流方向的相干长度；

　　　ζ_y——顺气流方向的空间距离，$\zeta_y = y_1 - y_2$；

　　　ζ_z——横穿气流方向的空间距离，$\zeta_z = z_1 - z_2$。

式（7.3）中的位置参数 d_1、d_2 可以写成上述坐标的表现形式 $d_1(y_1, z_1)$、$d_2(y_2, z_2)$。

L_y 和 L_z 的具体形式可以由 Efimtsov[90] 表达式得到，即

$$
L_y = \delta\left[\left(\frac{a_1 Sr}{U_c/U_\tau}\right)^2 + \frac{a_2^2}{Sr^2 + (a_2/a_3)^2}\right]^{-1/2}
\tag{7.10}
$$

$$
L_z =
\begin{cases}
\delta\left[\left(\dfrac{a_4 Sr}{U_c/U_\tau}\right)^2 + \dfrac{a_5^2}{Sr^2 + (a_5/a_6)^2}\right]^{-1/2}, & Ma < 0.75 \\[4mm]
\delta\left[\left(\dfrac{a_4 Sr}{U_c/U_\tau}\right)^2 + a_7^2\right]^{-1/2}, & Ma > 0.9
\end{cases}
\tag{7.11}
$$

式中　δ——TBL 厚度；

　　U_τ——摩擦速度；

　　Sr——斯特劳哈尔数，$Sr = \omega\delta/U_\tau$；

　　Ma——马赫数；

　$a_1 \sim a_7$——经验常数，依次为 0.1、72.8、1.54、0.77、548、13.5、5.66。

$Ma = 0.8$ 时的 L_z 通过插值得到，参考点压力谱 $S_{\text{ref}}(\omega)$ 通过 Efimtsov 公式[91]得出，即

$$S_{\text{ref}}(\omega) = 2\pi\alpha_1 U_\tau^3 \rho^2 \delta \dfrac{\beta_1}{(1 + 8\alpha_1^3 Sr^2)^{1/3} + \alpha_1\beta_1 Re_\tau \left(\dfrac{Sr}{Re_\tau}\right)^{10/3}} \tag{7.12}$$

式中 α_1 取常数 $0.01^{[92]}$。

$$\beta_1 = \left[1 + \left(1 + r\dfrac{k-1}{2}Ma^2\right)^{3r+3}\right]^{1/3} \tag{7.13}$$

$$Re_\tau = \dfrac{\delta U_\tau}{v_{\text{w}}} \tag{7.14}$$

$$v_{\text{w}} = v\dfrac{\rho}{\rho_{\text{w}}}\left(\dfrac{T_{\text{w}}}{T}\right)^r \tag{7.15}$$

$$\rho_{\text{w}} = \rho\dfrac{T}{T_{\text{w}}} \tag{7.16}$$

$$T_{\text{w}} = T\left(1 + r\dfrac{k-1}{2}Ma^2\right) \tag{7.17}$$

式中 $r = 0.89$，$k = 1.4$。

7.3　优化模型及灵敏度分析

7.3.1　优化模型

本优化模型中的目标函数指定为声腔子系统的频率平均总能量，可以通过声腔子系统总能量随频率变化的曲线积分得到。声场响应与结构的质量、刚度以及阻尼分布有着密切联系，最终与结构尺寸相关。因此指定结构子系统不同区域的厚度作为设计变量，结构整体质量作为约束条件，通过各设计区域的厚度分布调整来降低声场的频率平均能量，优化模型为

$$\text{最小化：} \quad E_{\text{aco}}(\boldsymbol{x}, \Delta f) = \dfrac{1}{\Delta f}\int_{f_{\min}}^{f_{\max}} E_{\text{aco}}(\boldsymbol{x}, f)\,\mathrm{d}f$$

$$\text{约束：} \quad \begin{cases} M(\boldsymbol{x}) \leqslant M_{\text{u}} \\ \boldsymbol{x}_1 \leqslant \boldsymbol{x} \leqslant \boldsymbol{x}_{\text{u}} \end{cases} \tag{7.18}$$

式中　　　$\boldsymbol{x}$ ——结构子系统中不同子区域的厚度，$\boldsymbol{x} = \{x_1 \cdots x_d\}^{\text{T}}$；

$E_{\text{aco}}(\boldsymbol{x}, \Delta f)$ ——声腔子系统的频率平均总能量；

$f_{\min}$、$f_{\max}$ ——所研究频带的上、下限；

Δf ——研究频带的带宽；

x_1，x_u——尺寸设计变量的上下限；

    $M(x)$——当前的结构质量；

      M_u——容许的质量上限。

依然选择 MMA 方法对优化模型进行求解。

7.3.2　灵敏度分析

以设计变量 x_i 为例，式（7.18）中目标函数对设计变量求导得到：

$$\frac{1}{\Delta f}\int_{f_{\min}}^{f_{\max}}\frac{\partial E_{\mathrm{aco}}(x,f)}{\partial x_i}\mathrm{d}f = \frac{1}{\Delta\omega}\int_{\omega_{\min}}^{\omega_{\max}}\frac{\partial E_{\mathrm{aco}}(x,\omega)}{\partial x_i}\mathrm{d}\omega = \frac{1}{\Delta\omega}\int_{\omega_{\min}}^{\omega_{\max}}\frac{\partial \sum\limits_{n=1}^{N} E_n(\omega)}{\partial x_i}\mathrm{d}\omega$$

$$(7.19)$$

从式（7.19）中可以看出，关键是要求得声腔子系统模态能量关于设计变量的导数。由式（7.6）可以得到

$$\frac{\partial E_2(\omega)}{\partial x_i} = \left[C_{22}(\omega) - C_{21}(\omega)\,C_{11}^{-1}(\omega)\,C_{12}(\omega) \right]^{-1}\left\{ -\frac{\partial C_{21}(\omega)}{\partial x_i}C_{11}^{-1}(\omega)\,\boldsymbol{\Pi}_1(\omega) - \right.$$

$$C_{21}(\omega)\frac{\partial C_{11}^{-1}(\omega)}{\partial x_i}\boldsymbol{\Pi}_1(\omega) - C_{21}(\omega)C_{11}^{-1}(\omega)\frac{\partial\boldsymbol{\Pi}_1(\omega)}{\partial x_i} - \left[\frac{\partial C_{22}(\omega)}{\partial x_i} - \right.$$

$$\frac{\partial C_{21}(\omega)}{\partial x_i}C_{11}^{-1}(\omega)\,C_{12}(\omega) - C_{21}(\omega)\frac{\partial\left[C_{11}^{-1}(\omega)\right]}{\partial x_i}C_{12}(\omega) - $$

$$\left. \left. C_{21}(\omega)C_{11}^{-1}(\omega)\frac{\partial C_{12}(\omega)}{\partial x_i}\right]E_2(\omega)\right\}$$

$$(7.20)$$

由于仅考虑外部环境对结构的激励，故上式没有包含 $\boldsymbol{\Pi}_2(\omega)$ 一项，并且式中出现了大量关于模态耦合系数矩阵的导数。不难看出耦合系数矩阵与激励频率 ω、模态信息（如 ω_m、η_m、U_m）以及模态耦合系数（如 α_{mn}）相关，同时模态耦合系数又是两子系统模态信息的函数。以 $C_{11}(\omega)$ 为例，其关于设计变量的导数为

$$\frac{\partial C_{11}(\omega)}{\partial x_i} = \frac{\partial C_{11}(\omega)}{\partial \omega_m}\frac{\partial \omega_m}{\partial x_i} + \frac{\partial C_{11}(\omega)}{\partial \eta_m}\frac{\partial \eta_m}{\partial x_i} + \frac{\partial C_{11}(\omega)}{\partial \alpha_{mn}(\omega)}\frac{\partial \alpha_{mn}(\omega)}{\partial x_i} \quad (7.21)$$

$$\frac{\partial \alpha_{mn}(\omega)}{\partial x_i} = \frac{\partial \alpha_{mn}(\omega)}{\partial \omega_m}\frac{\partial \omega_m}{\partial x_i} + \frac{\partial \alpha_{mn}(\omega)}{\partial U_m}\frac{\partial U_m}{\partial x_i} + \frac{\partial \alpha_{mn}(\omega)}{\partial \eta_m}\frac{\partial \eta_m}{\partial x_i} \quad (7.22)$$

由于设计变量的摄动不影响声腔子系统模态信息，式（7.21）和式（7.22）只包含结构子系统模态信息的导数，此外，模态阻尼损耗因子 η_m 主要取决于材料特性，厚度的微小变化对其影响较小，故假定 $\partial\eta_m/\partial x_i = 0$。式（7.21）与

式（7.22）中模态耦合系数关于模态信息的导数可以得出解析形式，而模态信息的导数则采用 CVM 近似求解，即

$$\frac{\partial \omega_m}{\partial x_i} = \frac{\Delta \omega_m}{\Delta x_i} = \frac{\mathrm{Im}[\omega_m(x_i + \mathrm{j}\Delta x_i)]}{\Delta x_i}, \frac{\partial \boldsymbol{U}_m}{\partial x_i} = \frac{\Delta \boldsymbol{U}_m}{\Delta x_i} = \frac{\mathrm{Im}[\boldsymbol{U}_m(x_i + \mathrm{j}\Delta x_i)]}{\Delta x_i}$$

$$(7.23)$$

从式（7.20）看出声腔子系统模态能量的灵敏度还与模态注入功相关，本章考虑点激励以及 TBL 载荷，分别给出模态注入功的灵敏度计算过程。对式（7.2）求导，得

$$\frac{\partial \Pi_m^{\mathrm{inj}}}{\partial x_i} = \frac{1}{2} \frac{\partial S_{F_m F_m}}{\partial x_i} \mathrm{Re}[Y_m(\omega)] + \frac{1}{2} S_{F_m F_m} \frac{\partial \mathrm{Re}[Y_m(\omega)]}{\partial x_i} \qquad (7.24)$$

其中

$$\mathrm{Re}[Y_m(\omega)] = \frac{\eta_m \omega_m \omega^2}{2 M_m [(\omega_m^2 - \omega^2)^2 + (\eta_m \omega_m \omega)^2]} \qquad (7.25)$$

考虑模态振型为质量正交（ $M_m = 1$ ），对应的导数可以表示为

$$\frac{\partial \mathrm{Re}[Y_m(\omega)]}{\partial x_i} =$$

$$\frac{\eta_m \omega^2 [(\omega_m^2 - \omega^2)^2 + (\eta_m \omega_m \omega)^2] - [4\omega_m(\omega_m^2 - \omega^2) + 2\eta_m^2 \omega_m \omega^2] \eta_m \omega_m \omega^2}{2 [(\omega_m^2 - \omega^2)^2 + (\eta_m \omega_m \omega)^2]^2} \frac{\partial \omega_m}{\partial x_i}$$

$$(7.26)$$

作用在 (d_{1e}, d_{2e}) 上的点激励产生的模态注入功可以表示为

$$\Pi_m^{\mathrm{inj}}(\omega) = S_{mm}(d_{1e}, d_{2e}) [\boldsymbol{U}_m(d_{1e}, d_{2e})]^2 \mathrm{Re}[Y_m(\omega)] \qquad (7.27)$$

式中 $S_{mm}(d_{1e}, d_{2e})$ —— (d_{1e}, d_{2e}) 点处的功率谱密度；

$\boldsymbol{U}_m(d_{1e}, d_{2e})$ —— (d_{1e}, d_{2e}) 点处的模态振型。

将式（7.27）代入到式（7.24）即可求出点激励下的模态注入功关于设计变量的灵敏度。

对于 TBL 载荷，模态注入功的导数可以表示为

$$\frac{\partial S_{F_m F_m}}{\partial x_i} = \int_{S_{\mathrm{ext}}} \int_{S_{\mathrm{ext}}} \left[\frac{\partial \boldsymbol{U}_m(d_1)}{\partial x_i} \boldsymbol{U}_m(d_2) + \boldsymbol{U}_m(d_1) \frac{\partial \boldsymbol{U}_m(d_2)}{\partial x_i} \right] S_{mm}(d_1, d_2, \omega) \mathrm{d}S_2 \mathrm{d}S_1$$

$$(7.28)$$

将式（7.25）和式（7.28）代入式（7.24）中即可得到 TBL 载荷作用下模态注入功的灵敏度结果。图 7.1 给出了尺寸优化的具体流程。

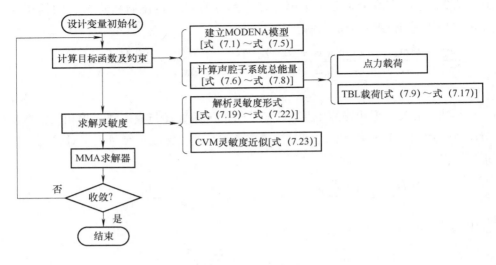

图 7.1　尺寸优化流程图

7.4　数值计算实例

用两个数值计算实例来验证优化程序的有效性。第一个实例为薄板与立方体声腔的耦合，考虑两种激励载荷：一种为点激励载荷，一种为 TBL 气动载荷。第二个实例为某高速列车顶部蒙皮壁板与其内部声腔的耦合，考虑承受TBL 气动载荷激励下蒙皮壁板的尺寸优化。

7.4.1　薄板与立方体声腔的耦合

图 7.2 描述了一个立方体声腔与一个四边简支弹性薄板之间的耦合，声腔的其他 5 个面均为声场硬边界。一个振幅为 10N 的白噪声点激励 F 垂直作用在薄板上，作用点的坐标为 (0,0.26,0.16)。薄板材料为钢，声腔内部充满空气，对应的材料特性与结构尺寸列于表 7.1。薄板被划分成 30 × 25 个四边形壳单元网格，封闭声腔被划分成 30 × 25 × 35 个六面体实体单元网格。薄板被划分为 30 个面积相等的区域，每个区域的厚度被指定为设计变量，通过优化不同区域的厚度分布充分降低声腔子系统的总能量。MODENA 相对 SmEdA 的一个优势是可以自然地考虑非共振模态对声振响应的贡献，但问题是每一次分析需要集成多少非共振模态。这里通过试算分析，每一次增加规定数量的非共振模态，直至声场响应变化的幅度小于 0.5dB 为止，得出结论：分析当前频带的声振响

应时只需考虑当前频带前、后的一个同等带宽内的非共振模态即可满足精度要求。例如在分析 1000Hz 1/3 倍频程时，需要将 800Hz 1/3 倍频程和 1250Hz 1/3 倍频程内的模态输入能量平衡方程。

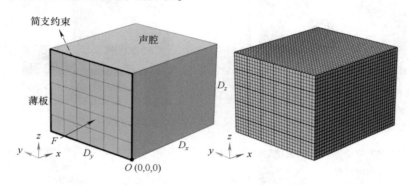

图 7.2　点激励下的结构–声腔耦合系统

表 7.1　声振耦合系统的尺寸及材料参数

特性参数	数　值	特性参数	数　值
声腔宽度 D_x	0.7m	薄板宽度 D_y	0.6m
声腔深度 D_y	0.6m	薄板高度 D_z	0.5m
声腔高度 D_z	0.5m	薄板初始厚度 x_i	3mm
声速 c_{air}	340m/s	薄板密度 ρ_{plate}	7800kg/m³
空气密度 ρ_{air}	1.2kg/m³	薄板杨氏模量 E_{plate}	2×10^{11} Pa
空气的阻尼损耗因子 η_n	0.01	薄板泊松比 ν_{plate}	0.3
点激励位置	(0,0.26,0.16)	薄板的材料损耗因子 η_m	0.01
点激励幅值 F	10N	—	—

薄板 30 个区域的初始厚度指定为 3mm，设计上、下限为 2mm 和 4mm，在 630Hz、800Hz、1000Hz、1250Hz、1600Hz 以及 2000Hz 1/3 倍频程执行尺寸优化，频率分辨率为 1Hz（MODENA 在每一个频率点执行一次模态能量平衡分析，频率点间隔为 1Hz）。六个频带的最优厚度分布在图 7.3 中显示，加载位置及其临近区域的厚度在优化后明显提升，而为了保持质量不变，远离加载区域的对应厚度有所减小，可见最优设计结果对点载荷的加载位置比较敏感。实际工程中可以将厚度变化区域之间进行平滑处理，如添加倒角或者圆角以避免出现应力集中现象。

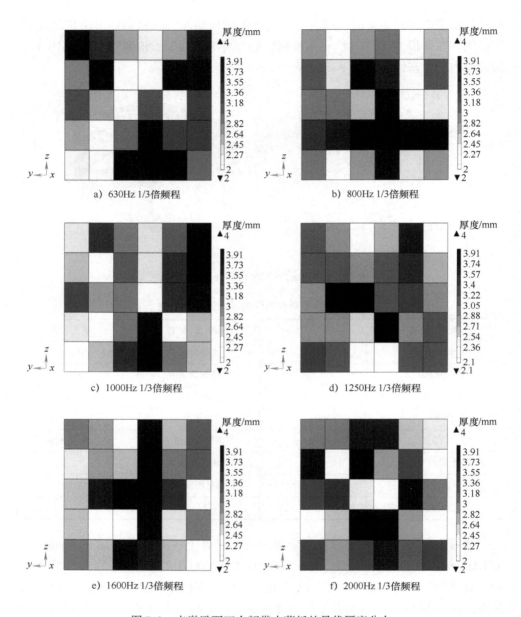

a) 630Hz 1/3倍频程

b) 800Hz 1/3倍频程

c) 1000Hz 1/3倍频程

d) 1250Hz 1/3倍频程

e) 1600Hz 1/3倍频程

f) 2000Hz 1/3倍频程

图 7.3　点激励下四个频带内薄板的最优厚度分布

　　图 7.4 给出了目标函数关于 30 个设计变量的灵敏度，每条曲线表示对应灵敏度随迭代过程的变化情况。初始状态下六个频带内的灵敏度均具有较高的数量级，随着迭代进行，所有灵敏度逐渐下降至较小的数值，最后趋于平稳并接近于 0，这样的灵敏度变化也确保了设计变量在 GCMMA 优化求解器中的顺利收

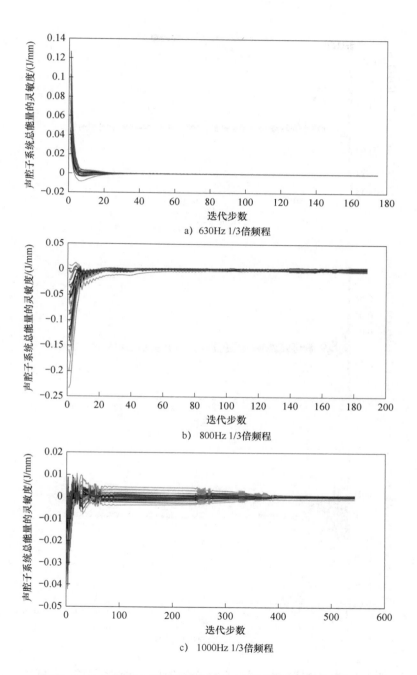

a）630Hz 1/3倍频程

b）800Hz 1/3倍频程

c）1000Hz 1/3倍频程

图 7.4　六个频带内目标函数关于 30 个设计变量的灵敏度变化

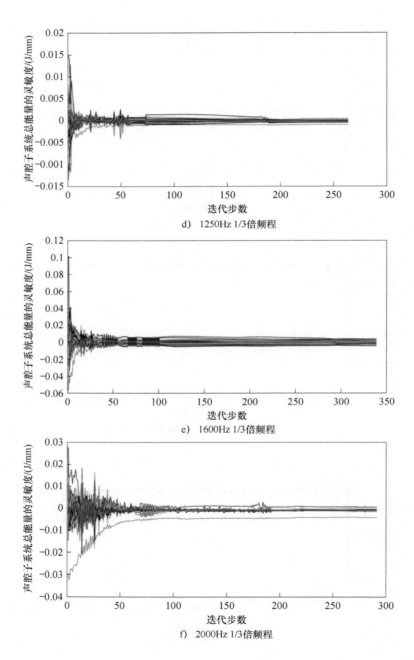

d)　1250Hz 1/3倍频程

e)　1600Hz 1/3倍频程

f)　2000Hz 1/3倍频程

图 7.4　六个频带内目标函数关于 30 个设计变量的灵敏度变化（续）

敛。此外，负数灵敏度意味着增加对应区域的厚度可以降低声腔子系统总能量（反之亦然），而初始状态中具有较大绝对值的负数灵敏度均出现在加载区域，如800Hz、1000Hz以及2000Hz 1/3倍频程内初始状态下最小的灵敏度分别为 -2.34×10^{-1} J/mm、-3.22×10^{-2} J/mm 以及 -2.95×10^{-2} J/mm，这也在一定程度上解释了为何优化后加载区域的厚度提升到最大值。约束条件的灵敏度为结构总体质量关于各区域厚度的导数，等于结构材料密度与各区域面积的乘积。

表 7.2 列出了目标函数及约束条件的变化以及迭代至收敛的次数。图 7.5 给出了每个频带中目标函数的迭代过程，初始优化过程中目标函数迅速降低，随后趋于平稳并收敛至最优解。每个频带内的声腔子系统频率平均能量均降低 10dB 左右，优化后的质量均接近最大容许质量，说明材料被充分利用，依照式（2.28）将能量单位转换为分贝。

表 7.2　点激励下的优化结果

频带/Hz (1/3 倍频程)	声腔子系统总能量/dB (目标函数)		结构子系统质量/kg (约束)		迭代步数
	初始状态	最优状态	初始状态	最优状态	
630	79.60	54.08	7.02	7.02	175
800	81.07	65.15	7.02	7.01	188
1000	74.99	61.34	7.02	6.79	543
1250	68.55	59.67	7.02	6.97	264
1600	75.38	63.61	7.02	6.91	339
2000	72.38	62.30	7.02	7.02	291

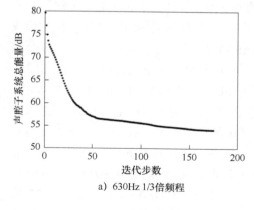

a）630Hz 1/3倍频程

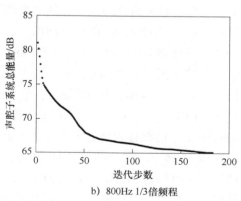

b）800Hz 1/3倍频程

图 7.5　点激励下六个频带内目标函数的迭代过程

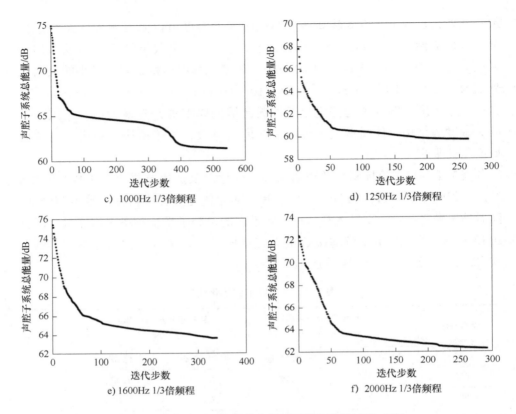

c) 1000Hz 1/3倍频程

d) 1250Hz 1/3倍频程

e) 1600Hz 1/3倍频程

f) 2000Hz 1/3倍频程

图7.5 点激励下六个频带内目标函数的迭代过程（续）

图7.6显示了优化前后声腔子系统总能量随频率的变化曲线，可以看出优化后几乎每个频点的能量都有所降低并且各个频带内的能量峰值显著下降，说明最优尺寸下的声学表现相较均匀厚度板有明显提升。此外，各个频带中声腔子系统总能量的波峰与波谷之间的距离有所减少，例如1000Hz 1/3倍频程中能量峰值位于937Hz，达到83.42dB，波谷位于1050Hz，达到64.11dB。优化后波峰和波谷分别为67.49dB（位于891Hz）和56.75dB（位于964Hz）。其他五个频带内声腔子系统总能量的峰值与谷值之间的差距分别由28.66dB、26.81dB、20.75dB、20.74dB、19.68dB 降至 15.26dB、16.08dB、14.65dB、17.44dB、13.6751dB。类似的现象也可以从模态能量的变化中找到，图7.7显示了1000Hz 1/3倍频程内声腔子系统模态能量在优化前后的变化情况，该频带内共包含76个模态，图中的每条曲线代表一阶模态，初始状态下声腔子系统模态能量的幅值范围为11.08~80.92dB，其中频带内第56阶模态在891Hz处的能量最低，最高的模态能量幅值出现在第16阶模态的937Hz处。优化后，第72阶模态于908Hz处拥有最低模态能量13.84dB，第14阶模态在891Hz处拥有最高

模态能量 64.27dB。可见最优设计使得较高数量级模态能量显著降低，进而对声腔子系统总能量的降低做出贡献。缩小各阶模态能量之间的差距最终降低了声腔子系统总能量随频率的变化范围。

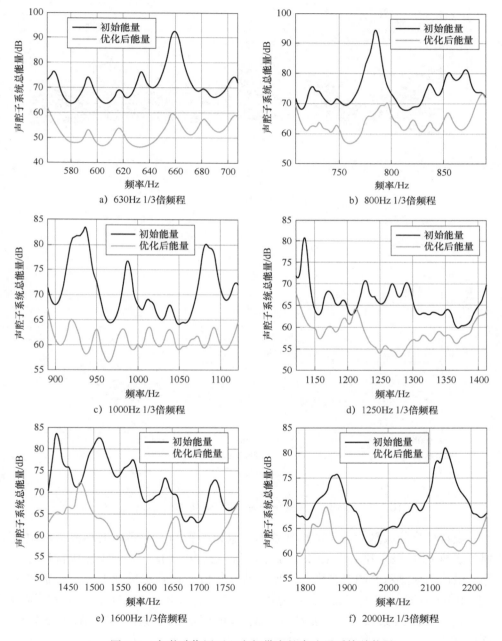

图 7.6 点激励作用下六个频带内的声腔子系统总能量

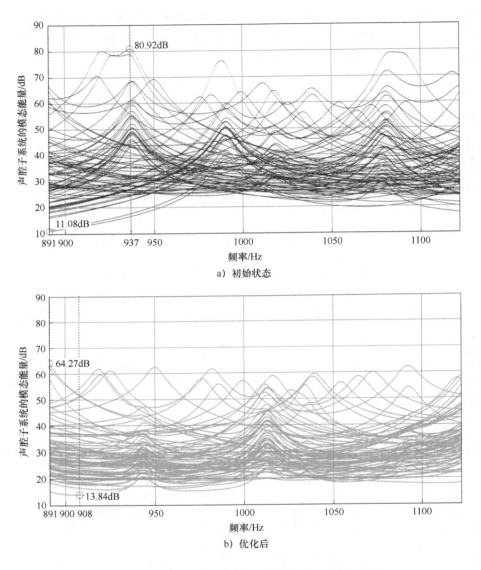

a) 初始状态

b) 优化后

图 7.7　1000Hz 1/3 倍频程内声腔子系统的模态能量分布

　　设计变量的数量对优化结果有着不可忽视的影响，将同样大小的薄板依次划分成 80(10×8) 和 120(12×10) 个区域，在 1000Hz 1/3 倍频程执行尺寸优化，最优结果显示在图 7.8 中。可见加载区域依然达到了尺寸上限，分别经过 338 和 386 次迭代之后声腔子系统总能量降低 59.95dB 和 57.54dB，当设计域增加之后，目标函数较 30 个设计变量计算得到的结果进一步下降了 2.27% 及 6.19%。

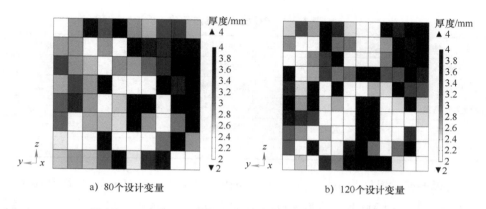

a) 80个设计变量　　　　　　　　　　b) 120个设计变量

图 7.8　1000Hz 1/3 倍频程内点激励下薄板的最优厚度分布

第二个实例中考虑弹性薄板承受 TBL 载荷激励。关于 TBL 的两个假设如下。

1）TBL 载荷在加载面上稳态、均匀分布。

2）薄板与边界层载荷之间假定为弱耦合，即薄板的振动对边界层载荷无影响。

如图 7.9 所示，气流方向平行于 y 轴，本实例相关的 TBL 流体参数列于表 7.3，依据空间离散点方法对顺气流方向和横穿气流方向进行空间划分。需要说明的是，TBL 载荷的模拟精度与离散点的空间离散分辨率有关，这种离散点与有限元分析网格不同，综合衡量模拟结果的精度与计算效率，指定离散点的空间距离为对流波长（$\lambda_c = 2\pi U_c / \omega$）的 1/3。可见，TBL 载荷模拟需要较高的内存资源用以存储壁面压力场的功率谱密度 $[S_{mm}(\zeta_y, \zeta_z, \omega)$ 的三维矩阵]。先将加载面划分为 24×20 个单元，然后提取每个单元的中心点来计算功率谱密度矩阵（图 7.9），而用于 MODENA 方程建立的特征值信息计算依然采用与点载荷相同的网格划分形式（图 7.2）。

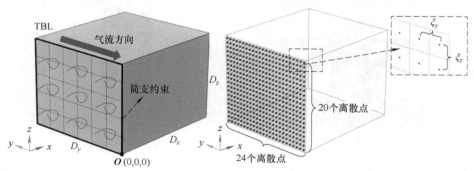

图 7.9　TBL 载荷激励下的声振耦合系统

表 7.3　TBL 载荷的流体参数

特　性	参　数	数　值	特　性	参　数	数　值
马赫数	Ma	0.56	摩擦速度	U_τ	5.18m/s
温度	T	240.66K	TBL 对流速度	U_c	150m/s
流动空气密度	ρ	0.5692kg/m³	板的初始厚度	x_i	4mm
运动黏度	ν	$2.7242 \times 10^{-5} \mathrm{m^2/s}$	网格尺寸	—	$30 \times 25 \times 35$
TBL 厚度	δ	0.075m	—	—	—

　　薄板的初始厚度为 4mm，对应的上下限分别为 3mm 和 5mm，依次在 1000 ~ 1250Hz、1250 ~ 1500Hz、1500 ~ 1750Hz 以及 1750 ~ 2000Hz 执行尺寸优化，经过试算，考虑计算频带以外 250Hz 带宽的非共振模态即可满足计算精度要求，也就是说对 1000 ~ 1250Hz 频带进行优化设计时需要考虑 750 ~ 1500Hz 内的全部模态。四个频带内的最优厚度分布如图 7.10 所示，由于气流方向平行于 y 轴，TBL 载荷激励的作用域关于轴 $z = 0.25$m 对称，导致得到的最优厚度分布也对称于该轴。没有集中载荷，厚度提升的区域不再像点载荷实例那样集中于一个点周围，同时 TBL 载荷下的薄板厚度在优化后没有都抵达设计限值。例如优化后 1250 ~ 1500Hz 频带内的最低厚度为 3.60mm，距设计变量的下限还有一定空间，表 7.4 列出了优化前后声腔子系统总能量的变化情况以及迭代步数，图 7.11 给出了目标函数的迭代过程。最优厚度构型使得目标函数在四个频带内分别降低 2.95dB、0.67dB、4.62dB 和 3.43dB，噪声降低效果要明显小于点载荷实例的优化结果，说明尺寸优化的降噪效果与载荷形式有关，降低 TBL 载荷下耦合系统的噪声比点载荷作用情况更为困难。此外，优化后结构质量与优化前几乎完全一致，再次说明材料被充分利用。

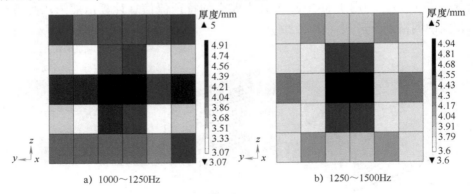

a) 1000~1250Hz　　　　　　　b) 1250~1500Hz

图 7.10　TBL 载荷下四个频带内薄板的最优厚度分布

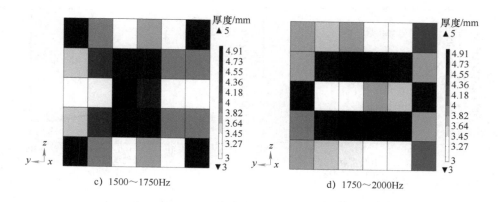

c) 1500~1750Hz　　　　　　　　　　d) 1750~2000Hz

图 7.10　TBL 载荷下四个频带内薄板的最优厚度分布（续）

表 7.4　TBL 载荷下的优化结果

频带/Hz	声腔子系统总能量/dB（目标函数）		结构子系统质量/kg（约束条件）		迭代步数
	初 始 状 态	最 优 状 态	初 始 状 态	最 优 状 态	
1000~1250	10.45	7.50	9.36	9.35	257
1250~1500	3.33	2.66	9.36	9.36	400
1500~1750	5.32	0.70	9.36	9.36	173
1750~2000	3.21	-0.22	9.36	9.35	200

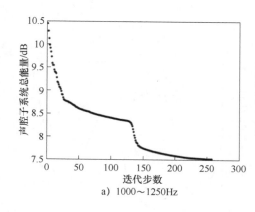

a) 1000~1250Hz　　　　　　　　　　b) 1250~1500Hz

图 7.11　TBL 载荷下四个频带内目标函数的迭代过程

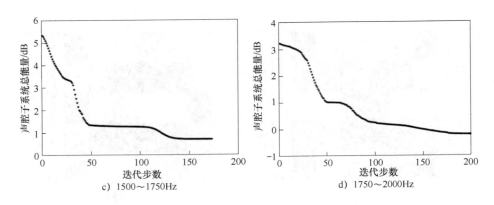

c) 1500~1750Hz

d) 1750~2000Hz

图 7.11　TBL 载荷下四个频带内目标函数的迭代过程（续）

图 7.12 显示了优化前后声腔子系统总能量随频率的变化曲线，优化对声腔子系统总能量峰值的削弱远不及点载荷实例中的效果，某些频点处的声腔子系

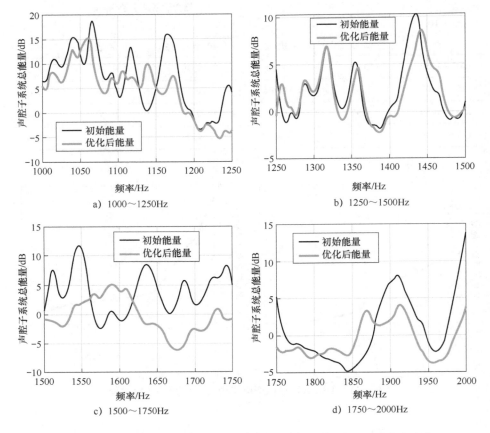

a) 1000~1250Hz

b) 1250~1500Hz

c) 1500~1750Hz

d) 1750~2000Hz

图 7.12　TBL 载荷激励下优化前后声腔子系统总能量在四个频带内变化

统总能量在优化后甚至高于初始值，例如 1575 ～ 1600Hz 频率区间（图 7.12c）优化后声腔子系统总能量提升约 5dB。除了能量峰值的衰减以外，最优设计结果也导致峰值出现一定偏移，例如在 1250 ～ 1500Hz 频率区间能量峰值从 1435Hz 移动至 1443Hz。

图 7.13 显示了优化前后 1000 ～ 1250Hz 区间内声腔子系统模态能量分布情况，所研究频带内共包含 88 个声腔子系统模态，初始阶段第 26 阶模态在 1066Hz 处具有最高的能量 17.17dB，第 3 阶模态在 1214Hz 处具有最低能量 –53.10dB，优化

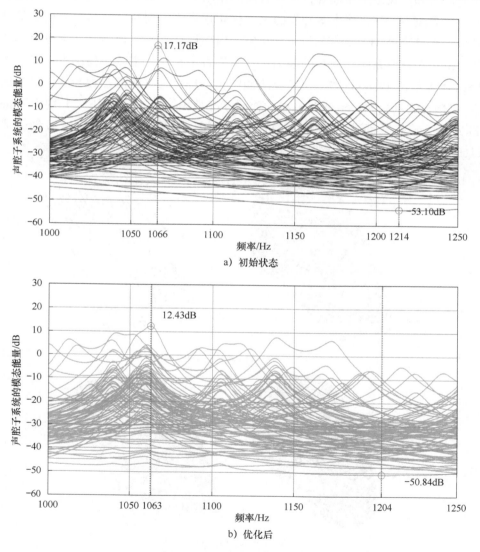

a）初始状态

b）优化后

图 7.13　TBL 载荷激励下 1000 ～ 1250Hz 内声腔子系统模态能量的分布情况

后最高能量移动到 1063Hz 处并且降至 12.43dB，最低模态能量位置移动到 1204Hz 处并且提升至 −50.84dB。可见尺寸优化再次拉近了模态能量之间的距离。此外，TBL 载荷激励下具有极值的模态能量在优化前后的移动幅度不及点激励优化实例的情况。

7.4.2 高速列车司机室的尺寸优化

随着列车速度不断提升，车体表面的振动等级逐渐加剧，气动载荷引起的噪声需要重点关注，将本章开发的尺寸优化程序应用到某高速列车司机室局部顶棚，充分降低 TBL 载荷激励下司机室的内部噪声。图 7.14 显示了高速列车司机室的声振耦合系统。列车的表面蒙皮由铝合金制成，密度、杨氏模量以及泊松比分别为 2700kg/m³、7×10^{10} Pa 和 0.33，TBL 流体载荷参数与 7.4.1 中的板/腔耦合实例相同。60 个设计域的初始厚度为 4mm，设计上下限分别为 3mm 和 5mm，声腔子系统被划分成 117194 个四面体单元，结构子系统被划分成 2160 个壳单元，考虑所研究频带以外 100Hz 范围内的非共振模态。

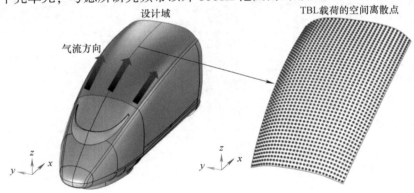

a) 司机室三维几何模型及TBL载荷的空间离散点

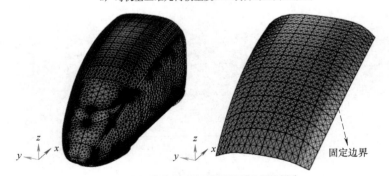

b) 司机室声腔以及顶棚设计域的网格划分

图 7.14　高速列车司机室的声振耦合系统示意图

图 7.15 显示了两个设计域的最优厚度分布，优化后 800~900Hz 频率范围内拥有最高厚度的区域出现在结构末端的两边，前端的厚度则下降到最低，900~1000Hz 范围则呈现出更加离散的分布状态，末端和前端的厚度出现最高值，整体薄厚交替分布的状态体现了棋盘格式样。考虑到列车的气动特性，不同厚度分布应设置在结构的蒙皮内部，为确保车体外表面的光滑性，蒙皮内部不同厚度区域应设置相应的倒圆角。不同分析频带的最优厚度有所不同，实际工程中可以根据线路实测确定气动载荷作用最剧烈、最需要降低的研究频段，然后根据本章所提出的尺寸优化程序进行最优厚度设计。

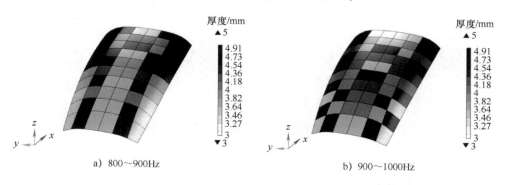

a) 800~900Hz   b) 900~1000Hz

图 7.15 两个频带内列车司机室的最优厚度分布

图 7.16 显示了两个频带内目标函数的迭代曲线，声腔子系统总能量的下降过程十分稳定并收敛至最低水平。图 7.17 给出了两个频带内司机室声腔子系统总能量随频率的变化曲线，优化后大多数频点的声腔子系统总能量均得到了有

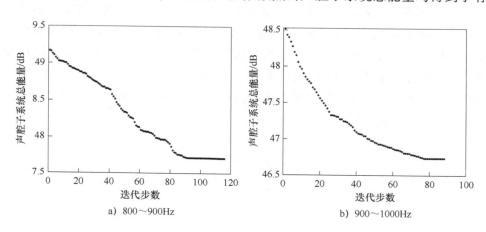

a) 800~900Hz   b) 900~1000Hz

图 7.16 两个频带内高速列车司机室内部声腔子系统总能量的优化迭代过程

效降低，频率平均能量分别从 49.16dB 和 48.52dB 降到 47.70dB 和 46.74dB，最优结构构型对应的质量分别为 143.34kg 和 145.62kg，与初始状态下 145.87kg 十分接近，充分说明该尺寸优化程序可以应用到高速列车的声学环境提升。

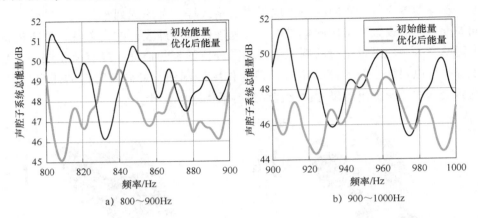

a) 800~900Hz

b) 900~1000Hz

图 7.17　优化前后两个频带内司机室声腔子系统总能量随频率的变化曲线

7.5　本章小结

本章给出了基于 MODENA 的逐频点模态能量传递平衡方程，在 MODENA 框架下建立点激励以及 TBL 载荷激励下的中高频尺寸优化模型，采用基于梯度的优化算法求解出能够使声腔子系统频率平均能量最小的结构尺寸分布，借助 CVM 技术推导目标函数关于设计变量的灵敏度，避免差分法相减带来的相减消去误差。将优化方法应用到板/腔耦合实例以及某高速列车在 TBL 载荷激励下的降噪优化，通过对比优化前后声场的响应指标，验证了尺寸优化程序的有效性，分析声腔子系统总能量以及模态能量分布在优化前后的变化得出重要结论：最优尺寸分布可以缩短声腔子系统模态能量之间的距离，进而降低声腔子系统能量随频率的变化范围。

参 考 文 献

［1］ MARBURG S. Developments in structural-acoustic optimization for passive noise control ［J］. Archives of Computational Methods in Engineering, 2002, 9 (4): 291-370.

［2］ CRAIG R R, KURDILA A J. Fundamentals of structural dynamics ［M］. 2nd ed. Hoboken: John Wiley & Sons, 2006.

［3］ MARBURG S. Six boundary elements per wavelength: is that enough? ［J］. Journal of Computational Acoustics, 2002, 10 (1): 25-51.

［4］ KIRKUP S. The boundary element method in acoustics: a survey ［J］. Applied Sciences, 2019, 9 (8): 1642. ［2020-6-30］. https: //mdpi. longhoe. net/2076-3417/9/8/1642.

［5］ LYON R H, DEJONG R. Theory and application of statistical energy analysis ［M］. 2nd ed. Boston: Butterworth-Heinemann, 1995.

［6］ LE BOT A. Foundation of statistical energy analysis in vibroacoustics ［M］. Oxford: Oxford University Press, 2015.

［7］ MACE B. Statistical energy analysis, energy distribution models and system modes ［J］. Journal of Sound and Vibration, 2003, 264 (2): 391-409.

［8］ MACE B. Statistical energy analysis: coupling loss factors, indirect coupling and system modes ［J］. Journal of Sound and Vibration, 2005, 279 (1-2): 141-170.

［9］ FINNVEDEN S. A quantitative criterion validating coupling power proportionality in statistical energy analysis ［J］. Journal of Sound and Vibration, 2011 (1), 330: 89-109.

［10］ MAGIONESI F, CARCATERRA A. Insights into the energy equipartition principle in large undamped structures ［J］. Journal of Sound and Vibration, 2009, 322 (4-5): 851-869.

［11］ LE BOT A, COTONI V. Validity diagrams of statistical energy analysis ［J］. Journal of Sound and Vibration, 2010, 329 (2): 221-235.

［12］ LAFONT T, TOTARO N, LE BOT A. Review of statistical energy analysis hypotheses in vibroacoustics ［J/OL］. Proceedings of The Royal Society A, Mathematical, Physical & Engineering Sciences, 2014, 470 (2162): 20130515. ［2023-1-31］. https//doi. org/10. 1098/rspa. 2013. 0515.

［13］ ZHANG W, WANG A, VLAHOPOULOS N. High frequency vibration analysis of thin elastic plates under heavy fluid loading by an energy finite element formulation ［J］. Journal of Sound and Vibration, 2003, 263 (1): 21-46.

［14］ WANG A, VLAHOPOULOS N, WU K. Development of an energy boundary element formulation of sound radiation at high frequency ［J］. Journal of Sound and Vibration, 2004, 278 (1-2): 413-436.

［15］ MAXIT L, GUYADER J L. Estimation of SEA coupling loss factors using a dual formulation and FEM modal information, part I: theory ［J］. Journal of Sound and Vibration, 2001, 239

（5）：907-930.

［16］ MAXIT L, GUYADER J L. Estimation of SEA coupling loss factors using a dual formulation and FEM modal information, part II: numerical applications ［J］. Journal of Sound and Vibration, 2001, 239 （5）：931-948.

［17］ MAXIT L. Analysis of the modal energy distribution of an excited vibrating panel coupled with a heavy fluid cavity by a dual modal formulation ［J］. Journal of Sound and Vibration, 2013, 332 （25）：6703-6724.

［18］ MAXIT L, GUYADER J L. Extension of the SEA model to subsystems with non-uniform modal energy distribution ［J］. Journal of Sound and Vibration, 2003, 265 （2）：337-358.

［19］ TORATO N, DODARD C, GUYADER J L. SEA coupling loss factors of complex vibroacoustic systems ［J/OL］. Journal of Vibration and Acoustics Transactions of the ASME, 2009, 131 （4）：041099. ［2020-5-21］. https：//asmedigitalcollection. asme. org/vibrationacoustics/article-abstract/131/4/041009/471030/SEA-Coupling-Loss-Factors-of-Complex-Vibro.

［20］ MAXIT L, EGE K, GUYADER J L. Non resonant transmission modelling with statistical modal energy distribution analysis ［J］. Journal of Sound and Vibration, 2014, 333 （2）：499-519.

［21］ ARAGONÈS À, MAXIT L, GUASCH O. A graph theory approach to identify resonant and non-resonant transmission paths in statistical model energy distribution analysis ［J］. Journal of Sound and Vibration, 2015, 350：91-110.

［22］ TORATO N, GUYADER J L. Extension of the statistical modal energy distribution analysis for estimating energy density in coupled systems ［J］. Journal of Sound and Vibration, 2012, 331 （13）：3114-3129.

［23］ HWANG H D, MAXIT L, EGE K, et al. SmEdA vibro-acoustic modelling in the mid-frequency range including the effect of dissipative treatments ［J］. Journal of Sound and Vibration, 2017, 393：187-215.

［24］ VAN BUREN K L, OUISSE M, COGAN S, et al. Effect of model-form definition on uncertainty quantification in coupled models of mid-frequency range simulations ［J］. Mechanical Systems and Signal Processing, 2017, 93：351-367.

［25］ TOTARO N, GUYADER J L. Modal energy analysis ［J］. Journal of Sound and Vibration, 2013, 332 （16）：3735-3749.

［26］ ZHANG P, FEI Q G, WU S Q, et al. A dimensionless quotient for determining coupling strength in modal energy analysis ［J/OL］. Journal of Vibration and Acoustics Transactions of the ASME, 2016, 138 （6）：061014. ［2020-5-17］. https：//asmedigitalcollection. asme. org/vibrationacoustics/article-abstract/138/6/061014/472608/A-Dimensionless-Quotient-for-Determining-Coupling.

［27］ ZHANG P, FEI Q G, LI Y B, et al. Modal energy analysis for mechanical systems excited by spatially correlated loads ［J］. Mechanical Systems and Signal Processing, 2018, 111：

362-375.

[28] KOOPMANN G H, FAHNLINE J B. Designing Quiet Structures: A Sound Power Minimization Approach [M]. London: Academic Press, 1997.

[29] TINNSTEN M. Optimization of acoustic response-a numerical and experimental comparison [J]. Structural and Multidisciplinary Optimization, 2000, 19 (2): 122-129.

[30] MARBURG S, HARDTKE H J. Shape optimization of a vehicle hat-shelf: Improving acoustic properties for different load cases by maximizing first eigenfrequency [J]. Computers and Structures, 2001, 79 (20-21): 1943-1957.

[31] ESPING B. Design optimization as an engineering tool [J]. Structural and Multidisciplinary Optimization, 1995, 10: 137-152.

[32] JOG C S. Topology design of structures subjected to periodic load [J]. Journal of Sound and Vibration, 2002, 253 (3): 687-709.

[33] CHRISTENSEN S T, OLHOFF N. Shape optimization of a loudspeaker diaphragm with respect to sound directivity properties [J]. Control and Cybernetics, 1998, 27 (2): 177-198.

[34] HAMBRIC S A. Approximation techniques for broad-band acoustic radiated noise design optimization problems [J]. Journal of Vibration and Acoustics Transactions of the ASME, 1995, 117 (1): 136-144.

[35] RATLE A, BERRY A. Use of genetic algorithms for the vibroacoustic optimization of a plate carrying point-masses [J]. Journal of the Acoustic Society of America, 1998, 104 (6): 3385-3397.

[36] NAGAYA K, LI L. Control of sound noise radiated from a plate using dynamic absorbers under the optimization by neural network [J]. Journal of Sound and Vibration, 1997, 208 (2): 289-298.

[37] CHOI K K, SHIM I, WANG S. Design sensitivity analysis of structure-included noise and vibration [J]. Journal of Vibration and Acoustics Transactions of the ASME, 1997, 119 (2): 173-179.

[38] WANG S. Design sensitivity analysis of noise, vibration, and harshness of vehicle body structure [J]. Mechanics of Structures and Machines, 1999, 27 (3): 317-336.

[39] LUO J, GEA H C. Modal sensitivity analysis of coupled acoustic-structural systems [J]. Journal of Vibration and Acoustics Transactions of the ASME, 1997, 119 (4): 545-550.

[40] MERZ S, KESSISSOGLOU N, KINNS R, et al. Minimization of the sound power radiated by a submarine through optimization of its resonance changer [J]. Journal of Sound and Vibration, 2010, 329 (8): 980-993.

[41] CHOI J S, LEE H A, LEE J Y, et al. Structural optimization of an automobile transmission case to minimize radiation noise using the model reduction technique [J]. Journal of the Mechanical Science and Technology, 2011, 25 (5): 1247-1255.

[42] PURI R S, MORREY D. A Krylov-Arnoldi reduced order modelling framework for efficient,

fully coupled, structural-acoustic optimization [J]. Structural and Multidisciplinary optimization, 2011, 43: 495-517.

[43] BÖS J. Numerical optimization of the thickness distribution of three-dimensional structures with respect to their structural acoustic properties [J]. Structural and Multidisciplinary optimization, 2006, 32: 12-30.

[44] ZHANG X P, KANG Z, LI M. Topology optimization of electrode coverage of piezoelectric thin-walled structures with CGVF control for minimizing sound radiation [J]. Structural and Multidisciplinary optimization, 2014, 50: 799-814.

[45] LU L K H. Optimum damping selection by statistical energy analysis [J]. Journal of Vibration and Acoustics Transactions of the ASME, 1990, 112 (1): 16-20.

[46] DINSMORE M L, UNGLENIEKS R. Acoustical optimization using quasi-monte carlo methods and SEA modelling [C/OL] //SAE 2005 Noise and Vibration Conference and Exhibition. Society of Automotive Engineers, 2005. [2023-7-17]. https://www. sae. org/publications/technical-papers/content/2005-01-2431.

[47] CHAVAN A T, MANIK D N. Sensitivity analysis of vibro-acoustic systems in statistical energy analysis framework [J]. Structural and Multidisciplinary optimization, 2010, 40: 283-306.

[48] BARTOSCH T, EGGNER T. Engine noise potential analysis for a trimmed vehicle body: Optimization using an analytical sea gradient computation technique [J]. Journal of Sound and Vibration, 2007, 300 (1-2): 1-12.

[49] JOHN T K, WANG X. Vehicle floor carpet acoustic optimization using statistical energy analysis [J]. International Journal of Vehicle Noise and Vibration, 2009, 5 (1-2): 141-157.

[50] CHEN S M, WANG D F, LIU B. Automotive exterior noise optimization using grey relational analysis coupled with principle component analysis [J/OL]. Fluctuation and Noise Letters, 2013, 12 (3): 1350017. [2024-3-11]. https://www. worldscientific. com/doi/abs/10. 1142/S021947751350017X .

[51] CULLA A, D'AMBROGIO W, FREGOLENT A, et al. Vibroacoustic optimization using a statistical energy analysis model [J]. Journal of Sound and Vibration, 2016, 375: 102-114.

[52] BERNHARD R J, HUFF J E. Structural-acoustic design at high frequency using the energy finite element method [J]. Journal of Vibration and Acoustics Transactions of the ASME, 1999, 121 (3): 295-301.

[53] BISTE F, BERNHARD R J. Sensitivity calculations for structural-acoustic EFEM predictions [J/OL]. Journal of the Acoustical Society of America, 1997, 101 (5): 3018. [2023-1-15]. https://pubs. aip. org/asa/jasa/article/101/5 _ Supplement/3018/562012/Sensitivity-calculations-for-structural-acoustic

[54] BORLASE G A, VLAHOPOULOS N. An energy finite element optimization process for reducing high-frequency vibration in large-scale structures [J]. Finite Elements in Analysis and Design, 2000, 36 (1): 51-67.

［55］KIM N H, DONG J, CHOI K K. Energy flow analysis and design sensitivity of structural problems at high frequencies ［J］. Journal of Sound and Vibration, 2004, 269 (1-2): 213-250.

［56］DONG J, CHOI K K, WANG A, et al. Parametric design sensitivity analysis of high frequency structural-acoustic problems using energy finite element method ［J］. International Journal for Numerical Methods in Engineering, 2005, 62 (1): 83-121.

［57］DONG J, CHOI K K, VLAHOPOULOS N, et al. Sensitivity analysis and optimization using finite element and boundary element methods ［J］. American Institute of Aeronautics and Astronautics, 2007, 45 (6): 1187-1198.

［58］GAO R X, ZHANG Y H, KENNEDY D. Optimization of mid-frequency vibration for complex built-up systems using the hybrid finite element-statistical energy analysis method ［J］. Engineering Optimization, 2019, 52 (2): 1-21.

［59］GAO R X, ZHANG Y H, KENNEDY D. Topology optimization of sound absorbing layer for the mid-frequency vibration of vibro-acoustic systems ［J］. Structural and Multidisciplinary Optimization, 2019, 59: 1733-1746.

［60］STELZER R, TOTARO N, PAVIC G, et al. Non resonant contribution and energy distributions using Statistical modal Energy Analysis (SmEdA) ［C］//Proceedings of ISMA 2010-International Conference on Noise and Vibration Engineering. Leuven: The KU Leuven Mecha (tro)nic System Dynamicssection, 2010: 2039-2053.

［61］SVANBERG K. The method of moving asymptotes—a new method for structural optimization ［J］. International Journal for Numerical Methods in Engineering, 1987, 24 (2): 359-373.

［62］SVANBERG K. A class of globally convergent optimization methods based on conservative convex separable approximations ［J］. SIAM Journal on Optimization, 2002, 12 (2): 555-573.

［63］WANG B P, APTE A P. Complex variable method for eigensolution sensitivity analysis ［J］. American Institute of Aeronautics and Astronautics, 2006, 44 (12): 2958-2961.

［64］JIN W Y, DENNIS B H, WANG B P. Improved sensitivity analysis using a complex variable semi-analytical method ［J］. Structural and Multidisciplinary Optimization, 2010, 41 (3): 433-439.

［65］MARTINS J R R A, STURDZA P, ALONSO J J. The complex-step derivation approximation ［J］. ACM Transactions on Mathematical Software, 2003, 29 (3): 245-262.

［66］SHEPHERD M R, HAMBRIC S A. Minimizing the acoustic power radiated by a fluid-loaded curved panel excited by turbulent boundary layer flow ［J］. Journal of the Acoustical Society of America, 2014, 136 (5): 2575-2585.

［67］MACE B R, SHORTER P J. Energy flow models from finite element analysis ［J］, Journal of Sound and Vibration, 2000, 233 (3): 369-389.

［68］HWANG H D. Extension of the SmEdA method by taking into account dissipative materials ［D］. Lyon: Institut National des Sciences Appliquées de Lyon, 2015.

［69］KIM S Y, MECHEFSKE C K, KIM I Y. Optimal damping layout in a shell structure using topology optimization ［J］. Journal of Sound and Vibration, 2013, 332 (12): 2873-2883.

［70］ EI-SABBAGH A, BAZ A. Topology optimization of unconstrained damping treatments for plates ［J］. Engineering Optimization, 2014, 46 (9): 1153-1168.

［71］ YAMAMOTO T, YAMADA T, IZUI K, et al. Topology optimization of free-layer damping material on a thin panel for maximizing modal loss factors expressed by only real eigenvalues ［J］. Journal of Sound and Vibration, 2015, 358: 84-96.

［72］ DELGADO G, HAMDAOUI M. Topology optimization of frequency dependent viscoelastic structures via a level-set method ［J］. Applied Mathematics and Computation, 2019, 347: 522-541.

［73］ YUN K S, YOUN S K. Topology optimization of viscoelastic damping layers for attenuating transient response of shell structures ［J］. Finite Elements in Analysis and Design, 2018, 141: 154-165.

［74］ CREMER L, HECKL M. Structure-borne: structural vibrations and sound radiation at audio frequencies ［M］. Berlin: Springer Science & Business Media, 2013.

［75］ SIGMUND O. Morphology-based black and white filters for topology optimization ［J］. Structural and Multidisciplinary Optimization, 2007, 33 (4): 401-424.

［76］ ANDREASSSEN E, CLAUSEN A, SCHEVENELS M, et al. Efficient topology optimization in MATLAB using 88 lines of codes ［J］. Structural and Multidisciplinary Optimization, 2011, 43: 1-16.

［77］ XU S L, CAI Y W, CHENG G D. Volume preserving nonlinear density filter based on heaviside functions ［J］. Structural and Multidisciplinary Optimization, 2010, 41: 495-505.

［78］ GUEST J K, PRÉVOST J H, BELYTSCHKO T. Achieving minimum length scale in topology optimization using nodal design variables and projection functions ［J］. International Journal for Numerical Methods in Engineering, 2004, 61 (2): 238-254.

［79］ PARK SW. Analytical modeling of viscoelastic dampers for structural and vibration control ［J］. International Journal of Solids and Structure, 2001, 38 (44-45): 8065-8092.

［80］ TANNEAU O, CASIMIRJ B, LAMARY P. Optimization of multilayered panels with poroelastic components for an acoustical transmission objective ［J］. Journal of the Acoustical Society of America, 2006, 120 (3): 1227-1238.

［81］ LEE J S, KIM E I, KIM Y Y, et al. Optimal poroelastic layer sequencing for sound transmission loss maximization by topology optimization method ［J］. Journal of the Acoustical Society of America, 2007, 122 (4): 2097-2106.

［82］ LEE J S, KIM Y Y, KIM J S, et al. Two-dimensional poroelastic acoustical foam shape design for absorption coefficient maximization by topology optimization method ［J］. Journal of the Acoustical Society of America, 2008, 123 (4): 2094-2106.

［83］ YAMAMOTO T, MARUYAMA S, NISHIWAKI S, et al. Topology design of multi-material soundproof structures including poroelastic media to minimize sound pressure levels ［J］. Computer Methods in Applied Mechanics and Engineering, 2009, 198 (17-20): 1439-1455.

[84] YOON G H. Acoustic topology optimization of fibrous material with Delany-Bazley empirical material formulation [J]. Journal of Sound and Vibration, 2013, 332 (5), 1172-1187.

[85] YAMAGUCHI T, KUROSAWA Y, MATSUMURA S. FEA for damping of structures having elastic bodies, viscoelastic bodies, porous media and gas [J]. Mechanical Systems and Signal Processing, 2007, 21 (1): 535-552.

[86] MIKI Y. Acoustic properties of porous materials, modifications of Delany-Bazley models [J]. Journal of the Acoustical Societyof Japan, 1990, 11 (1): 19-24.

[87] KOMATSU T. Improvement of the Delany-Bazley and Miki models for fibrous sound-absorbing materials [J]. Acoustical Science and Technology, 2009, 29 (2), 121-129.

[88] PEDERSEN N L . Designing plates for minimum internal resonances [J]. Structural and Multidisciplinary Optimization, 2005, 30 (4): 297-307.

[89] EFIMTSOV B M, KOZLOV N M, KRAVCHENKO S V, et al. Wall pressure-fluctuation spectra at small forward-facing steps [J]. American Institute of Aeronautics and Astronautics, 1999, 99: 1054-1064.

[90] ROCHA J, PALUMBO D. On the sensitivity of sound power radiated by aircraft panels to turbulent boundary layer parameters [J]. Journal of Sound and Vibration, 2012, 331 (21): 4785-4806.

[91] ROCHA J. Impact of the chosen turbulent flow empirical model on the prediction of sound radiation and vibration by aircraft panels [J]. Journal of Sound and Vibration, 2016, 373: 285-301.

[92] RACKL R, WESTON A. Modelling of turbulent boundary layer surface pressure fluctuation auto and cross-spectra verification and adjustments based on TU-144LL data: NASA/CR-2005-213938 [R]. Seattle: The Boeing Company, 2005.

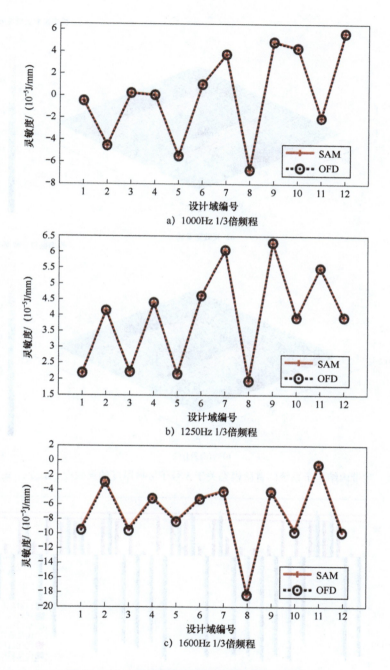

a) 1000Hz 1/3倍频程

b) 1250Hz 1/3倍频程

c) 1600Hz 1/3倍频程

图2.4　三个频带内两种方法得到的灵敏度结果

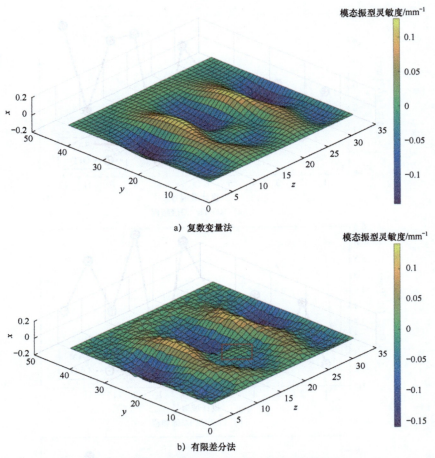

a) 复数变量法

b) 有限差分法

图 3.4　频带内结构子系统的首阶模态关于 5 号子区域厚度的灵敏度（$\Delta x_5/x_5 = 10^{-11}$）

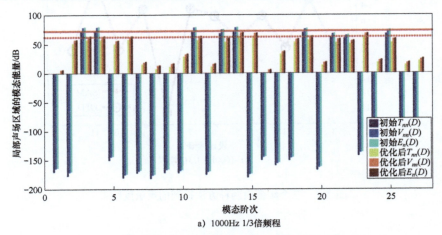

a) 1000Hz 1/3倍频程

图 4.5　两个频带内优化前后局部声场的模态能量分布

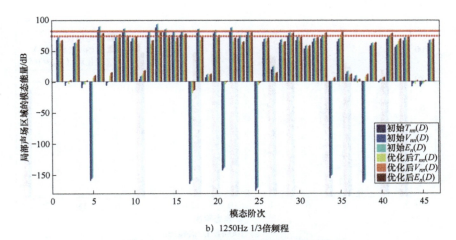

b）1250Hz 1/3倍频程

图 4.5　两个频带内优化前后局部声场的模态能量分布（续）

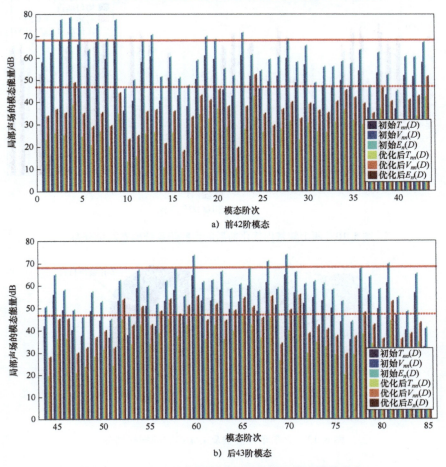

a）前42阶模态

b）后43阶模态

图 4.9　800Hz 1/3 倍频程内局部声场的模态能量分布

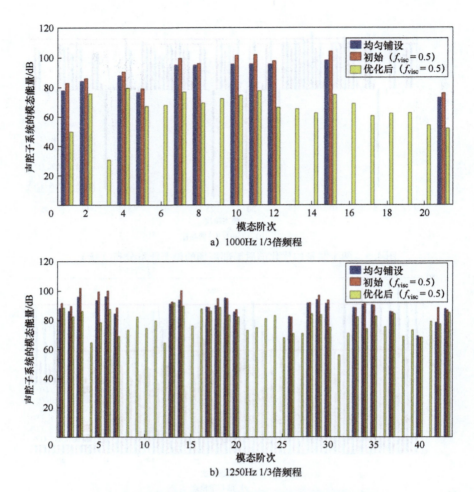

a) 1000Hz 1/3倍频程

b) 1250Hz 1/3倍频程

图 5.10 两个频带内优化前后的声腔子系统模态能量分布

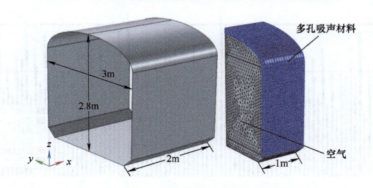

图 6.12 火车车体模型及 1/4 声腔的网格划分